ACTUALIZACIÓN TERAPÉUTICA EN FÁRMACOS ANTICOAGULANTES ORALES

Autor: JUAN MENDOZA ALCÁNTARA

RESUMEN

Los fármacos cumarínicos han sido los únicos anticoagulantes utilizados durante décadas para la profilaxis y el tratamiento de la enfermedad tromboembólicas. Sin embargo su uso puede ser difícil debido a un gran cantidad de interacciones con alimentos ricos en vitamina K y con numerosos fármacos, por lo que es necesario una frecuente monitorización de la razón normalizada internacional (I.N.R.) para conseguir un nivel terapéutico optimo.

Los inhibidores directos de la Trombina y del Factor Xa son nuevos anticoagulantes orales recientemente aprobados para la profilaxis y tratamiento de la enfermedad tromboembólica en cirugía de reemplazo de cadera y rodilla, tromboembolismo venoso y en la fibrilación auricular no valvular.

El objetivo del presente trabajo ha sido comparar y revisar los trabajos publicados en los últimos años, haciendo un estudio mas exhaustivo de los datos clínicos publicados sobre los nuevos anticoagulantes orales de acción directa: Dabigatrán, Rivaroxabán y Apixabán.

Los datos publicados sugieren que esos tres nuevos fármacos son tan efectivos como la warfarina, con similar perfil en hemorragias mayores y pueden ser una alternativa para los pacientes reacios o con imposibilidad de acceder al control rutinario de la coagulación o como tratamiento alternativo cuando no se obtengan efectos terapéuticos óptimos

Palabras clave: anticoagulantes orales, acenocumarol, warfarina, Dabigatrán, Rivaroxabán, Apixabán

ABSTRACT

The coumarin derivates have been the only oral anticoagulants for decades for prophylaxis and treatment of tromboembolic disease. However the use of those drugs can be cumbersome because their anticoagulant effect is influenced by Vitamin K intake in the diet and numerous interactions whit other drugs. Consequently, frequent monitoring of the international normalized ratio (I.N.R.) is necessary to ensure an optimal therapeutic level.

Direct thrombin inhibitors and Factor Xa inhibitors are new oral anticoagulants recently approved for prophylaxis an treatment of tromboembolic disease in Hip and Knee replacement surgery, venous tromboembolism and atrial fibrillation non valvular

The aim of the study was to compare and review papers published in recent years on oral anticoagulants, making a more comprehensive study published clinical data on the new direct acting oral anticoagulants: Dabigatran, Rivaroxaban and Apixaban

Published data suggest that all three agents are at least as effective as warfarin with similar major bleeding profiles and may provide alternative choice in anticoagulation for patients who are unwilling to adhere to regular coagulation monitoring, as an alternative treatment whose therapeutic effect is not optimal

Key Words: oral anticoagulants, acenocumarol, warfarin, dabigatran, rivaroxaban, apixaban

INDICE

INTRODUCCIÓN

La hemostasia

La hemostasia es un proceso fisiológico que permite a la sangre circular libremente por los vasos sanguíneos sin escaparse y que repara los daños vasculares, gracias a la formación de un trombo, disolviéndose posteriormente cuando ya no es necesario. Es un sistema en equilibrio entre factores procoagulantes por un lado y anticoagulantes y fibrinolíticos por el otro. Cuando predominan los primeros se produce la trombosis y cuando lo hacen los segundos la hemorragia. **(49)**

En el sistema de la hemostasia podemos distinguir tres partes interrelacionadas entre si y que se activan simultáneamente: la hemostasia primaria conformada por la vasoconstricción y el tapón plaquetario, la hemostasia secundaria o coagulación donde se activan una serie de proteínas, llamadas factores de coagulación, que llevaran a la formación de fibrina y la fibrinólisis que se encarga de disolver el coagulo ya formado y evitar la extensión del mismo fuera de la zona lesionada.

En la hemostasia primaria se produce una vasoconstricción refleja mediada por el simpático tras la cual se produce la adhesión y agregación plaquetaria. Las plaquetas se adhieren a través de dos glucoproteinas, la GPIb- IX que se une al factor de Von Willebrand y la GPIa- II a que se une al colágeno subendotelial. A partir de aquí se deforman y contraen y emiten pseudópodos, se produce tromboxano A2 y se liberan una serie de mediadores plaquetarios como fibrinógeno, serotonina, etc. que favorecen la agregación de más plaquetas.

La coagulación o hemostasia secundaria es un conjunto de fenómenos bioquímicos por el que una serie de proteínas se van activando para concluir en la formación de trombina que permitirá la transformación del fibrinógeno en una red de fibrina insoluble que refuerza el trombo plaquetario y atrapa los glóbulos rojos, leucocitos y plaquetas en el lugar de la lesión. **(40)**

Los factores plasmáticos de la coagulación son proteínas procoagulantes que se denominan en su mayoría usando números romanos (no existe el factor VI). Todas estas proteínas involucradas en el proceso de la coagulación circulan en el plasma en forma inactiva y durante el proceso hemostático serán activadas y entonces se representan con el sufijo "a" tras el número romano. Los factores de coagulación conocidos son: factor I o fibrinógeno, factor II o protrombina, Factor III o Tisular, Factor IV o calcio, factor V o proacelerina, factor VII o proconvertina, factor VIII o antihemofílico A, factor de Von Willebrand, factor IX o Christmas, factor X o Stuart, factor XI o antecedente tromboblastínico, factor XII o Hageman, precalicreina o Fletcher, ciminógeno de alto peso molecular y factor XIII o estabilizante de la fibrina. Los factores II, VII, IX y X son vitamina K dependientes. **(43) (anexo I)**

En la década de 1960 se propuso un modelo de coagulación que contemplaba una cascada enzimática compuesta por una serie de etapas secuenciales, en las que la activación de un factor de coagulación activa al siguiente, para favorecer la generación del enzima activo trombina, que convierte una proteína soluble del plasma, el fibrinógeno, en una proteína insoluble, la fibrina. Según el modelo clásico, existirían dos vías de activación, intrínseca y extrínseca, iniciadas por el factor XII y el complejo factor tisular, factor VII respectivamente, que convergen en una vía común a nivel del factor X activo. El complejo protombinasa, compuesto por el factor Xa, Ca ++ y factor Va favorecería la generación de trombina y la formación de fibrina.

La vía intrínseca se activa por contacto con el subendotelio o superficie extrañas y la vía extrínseca cuando queda expuesto el factor tisular en el endotelio o en los monocitos. Hoy se sabe que ambas vías no operan de forma independiente y en estudios más recientes se demostró la importancia del componente celular en el proceso de coagulación.

Según la visión actual, la coagulación se produce en tres etapas interrelacionadas **(Anexo II):**

- Fase de iniciación: el factor tisular es el principal iniciador de la coagulación y un componente integral de la membrana celular. Se expresa en numerosos tipos celulares y está presente en monocitos circulantes y en células endoteliales. Durante el proceso hemostasico se produce el contacto de la sangre circulante con el subendotelio, lo que favorece la unión del factor tisular con el factor VII circulante y su posterior activación. El complejo factor tisular / factor VIIa activa los factores IX y X. El factor Xa se combina en la superficie celular con el factor Va para producir pequeñas cantidades de trombina.

- Fase de amplificación: las pequeñas cantidades de trombinas generadas amplifican la señal procoagulante inicial activando los factores V, VIII y XI, que ensamblan en la superficie plaquetar para promover ulteriores reacciones.

- Fase de propagación: durante esta fase el complejo "tenasa" (VIIIa, IXa, Ca++ y fosfolípidos) cataliza la conversión del factor Xa, mientras que el complejo "protrombinasa" (Xa, Va, Ca++ y fosfolipidos) cataliza a nivel de la superficie plaquetar, la conversión de protrombina en grandes cantidades de trombina, la trombina generada activaría, asimismo, al factor XIII o factor estabilizador de la fibrina y a un inhibidor fibrinolítico necesarios para la formación de un coagulo de fibrina resistente a la lisis.**(46)**

Cuando el fenómeno de la trombosis se produce patológicamente en el ser vivo se le conoce genéricamente como enfermedad tromboembólica, una de las más importantes causas de enfermedad y muerte en los países desarrollados.

Etiológicamente son múltiples los factores que pueden desencadenarla: éstasis venoso (inmovilización, postoperatorio, obesidad), prótesis valvulares y vasculares artificiales, arteriosclerosis, neoplasia, embarazo, anticonceptivos, déficit de proteínas anticoagulantes C, S o antitrombina III, Hiperhomocisteinemia, etc. **(49)**

Patologías hemostáticas

Las principales expresiones clínicas de la enfermedad tromboembólica son: la trombosis venosa profunda, el embolismo pulmonar, los accidentes cerebrovasculares embólicos secundarios a la fibrilación auricular y el síndrome coronario agudo.

La fibrilación auricular es la arritmia cardiaca más frecuente en la práctica clínica. La prevalencia estimada de fibrilación auricular es del 0,4 al 1 % en la población general, sin embargo, el hecho de que pueda cursar de manera asintomática hacen suponer que su prevalencia real sea aun mayor. La prevalencia de la fibrilación auricular se incrementa con la edad variando desde el 0,1 % en los menores de 55 años hasta el 9% en los mayores de 80 años. En cuanto a la prevalencia de fibrilación auricular en España, se estima una prevalencia total de fibrilación auricular del 4,8%, que aumentaba con cada década de la vida un 1% en menores de 50 años y alcanzaba el

11,1% en los mayores de 80 años. En los pacientes con fibrilación auricular, la hipertensión arterial, la hipercolesterolemia, la insuficiencia cardiaca, la cardiopatía isquémica fueron los factores de riesgo más frecuente. La hipertensión arterial es responsable de más casos de fibrilación auricular que cualquier otro factor de riesgo. La fibrilación auricular es una de las principales causas de morbimortalidad y aumenta el riesgo de muerte, insuficiencia cardiaca congestiva y fenómenos embólicos, incluido el accidente cerebrovascular. La fibrilación auricular se considera una de las epidemias cardiovasculares del siglo XXI, en conjunto con la insuficiencia cardiaca congestiva, la diabetes méllitus tipo 2 y el síndrome metabólico. Se estima que para el año 2050 habría en España cerca de 2 millones de personas con fibrilación auricular. **(24)**

La enfermedad tromboembólica venosa está constituida por dos patologías principales, la trombosis venosa profunda y la tromboembolia pulmonar y a pesar de los avances en su profilaxis, diagnóstico y tratamiento, es la tercera causa de enfermedad cardiovascular tras el infarto de miocardio y el accidente cerebrovascular. Se estima una tasa de de incidencia de trombosis venosa profunda de 148/100000 y de embolismo pulmonar de 95/100.000 personas/año. En España la enfermedad tromboembólica venosa represento el 0,92% del total de altas hospitalarias con una incidencia aproximada de 116 casos/100.000 habitantes y el 4 por mil de los pacientes hospitalizados por cualquier causa sufrieron una enfermedad tromboembólica venosa durante su ingreso, el 30% como embolismo pulmonar, estando el 74% de estos pacientes ingresados por problemas médicos. Esto demuestra la importancia de la incidencia de enfermedad tromboembólica venosa entre los pacientes hospitalizados, fundamentalmente en los pacientes con inmovilización, cáncer, insuficiencia cardiaca, enfermedades respiratorias y accidentes cerebrovasculares. La mortalidad por embolismo pulmonar fue del 11,6% y por trombosis venosa profunda del 2,3%. La enfermedad tromboembólica venosa es además causa de elevada morbilidad a corto y largo plazo y después de finalizar el tratamiento e independientemente de su duración, el riesgo de trombosis recurrente es alto, aproximadamente un 10% por paciente y año.(24)

El síndrome coronario agudo incluye la angina inestable y el infarto agudo de miocardio con o sin elevación de ST. La enfermedad coronaria es la primera causa de muerte en el mundo occidental, lo que la convierte en un grave problema de salud pública. Se ha estimado que la incidencia anual de infarto agudo de miocardio en

Estados Unidos es de 565.000 nuevos episodios. La incidencia aumenta progresivamente con la edad y los varones tienen más riesgos de padecerla que las mujeres. El riesgo de desarrollar enfermedad coronaria a lo largo de la vida después de los 40 años es del 49% para varones y del 32% para mujeres, disminuyendo esta diferencia tras la menopausia. **(24)**

En conclusión los estudios epidemiológicos muestran un progresivo y alarmante crecimiento en la incidencia y la prevalencia de las enfermedades tromboembólicas que ocasionan un impacto para la salud y en el gasto sanitario de trascendencia mundial. **(24)**

Tratamiento Farmacológico

Dada la alta incidencia de la enfermedad tromboembólica en la salud, es importante conocer los recursos terapéuticos a nuestro alcance, así desde el punto de vista farmacológico podemos actuar:

- Inhibiendo la agregación plaquetaria con fármacos antiagregantes como el acido acetil salicílico o el clopidrogel.
- Disolviendo el trombo ya formado con fármacos fibrinolíticos
- Actuando en el sistema de coagulación con fármacos anticoagulantes parenterales (heparinas) u orales, que son el motivo de la presente revisión.

El origen de los anticoagulantes orales se remonta a principios del siglo XX, cuando se detectó una enfermedad hemorrágica en el ganado tras ingerir trébol dulce.

En 1929 se demostró que esta enfermedad se producía por una falta de funcionamiento de la protrombina.

Link en 1940 logró caracterizar el agente hemorrágico y unos años mas tardes sus colaboradores lograron su extracción, denominándosele Dicumarol.

En los siguientes años, se encontraron numerosas sustancias químicas similares con las mismas propiedades anticoagulantes.

Link siguió trabajando en el desarrollo de anticoagulantes más potentes basados en la cumarina, para su utilización en principio como venenos contra roedores, obteniendo así la warfarina en 1948. El nombre de warfarina deriva del acrónimo WARF, de Wisconsin Alumni Research Foundation, más la terminación arina.

Después de un incidente en 1951, en el que un soldado del ejército americano intento suicidarse sin éxito con warfarina y se recuperó plenamente, comenzaron los estudios en el uso de la warfarina como anticoagulante terapéutico y en 1954 fue aprobado su uso médico en humanos (26)

Actualmente son numerosos los pacientes en tratamiento con anticoagulantes orales y según los datos de la federación española de asociaciones de anticoagulados, superan en nuestro país los 800.000, siendo la indicación principal la prevención de los fenómenos tromboembólicos en la fibrilación auricular, existiendo en nuestro país más de 800.000 personas anticoaguladas. (23)

OBJETIVOS

Actualizar nuestro conocimiento sobre fármacos anticoagulantes orales

JUSTIFICACIÓN DEL ESTUDIO

La enfermería juega un papel muy importante en el control de los pacientes bajo tratamiento anticoagulante oral. Los fármacos cumarínicos, hasta ahora utilizados obligaban a determinaciones analíticas periódicas, de difícil dosificación y con múltiples interacciones. La introducción en los últimos años de nuevos fármacos no cumarínicos, de dosificación fija y que no requieren esos controles de coagulación, hace necesario que los enfermeros se familiaricen con los aspectos farmacocinéticos y clínicos de estos nuevos medicamentos a fin de realizar el correcto control, seguimiento y educación de los pacientes.

METODOLOGIA

Se ha realizado una revisión bibliográfica consultando las siguientes bases de datos:

- Pubmed: motor de búsqueda de acceso libre a la base de datos Medline de la biblioteca nacional de medicina de los Estados Unidos donde se referencian más de 4000 revistas de mas de 70 países y desde 1966. El idioma es ingles y se ha acotado la búsqueda para los últimos 5 años, sobretodo referida a los nuevos anticoagulantes orales. Se encuentra disponible en http://www.ncbi.nlm.nih.gov/pubmed

- Índice médico español (IME): sistema de información de la base de datos del centro superior de investigaciones científicas (CSIC) con acceso gratuito a recursos bibliográficos de Biomedicina en español. http://bddoc.csic.es:8080/inicio.html

- Elsevier: una de las mayores editoriales del mundo de medicina y literatura científica. Posee un buscador con acceso a resúmenes y textos completos de artículos en distintas revistas medicas.
  http:// http://www.elsevier.es/es?gclid=CPvNmKe8mLcCFS7KtAodFHAAyg

- Fichas Técnicas de fármacos de la Agencia Española de medicamentos y productos sanitarios. http://www.aemps.gob.es/cima/fichastecnicas.do?metodo=detalleForm

- Guía terapéutica de la AEMPS: http://www.imedicinas.com/GPTage
- Federacion Española de asociaciones de anticoagulados. Disponible en; http://www.anticoagulados.info/

Palabras Clave de búsqueda:

Inglés: oral antocoagulants, new oral anticoagulants, Dabigatran, Rivaroxaban, Apixaban

Español: Anticoagulantes orales, nuevos anticoagulantes orales, anticoagulación oral y atención primaria, Dabigatrán, Rivaroxabán, Apixabán

DESARROLLO

Los anticoagulantes orales podemos clasificarlos según su mecanismo de acción en:

- Fármacos antagonistas de la vitamina K
- Fármacos de acción directa sobre los factores de coagulación: con acción antitrombina o factor IIa y con acción antifactor Xa **(ANEXOS III y IV)**

FARMACOS ANTAGONISTAS DE LA VITAMINA K

Los fármacos antagonistas de la vitamina k inhiben a los factores de coagulación que requieren la presencia de esta vitamina para su síntesis: factores II, VII, IX y X, así como dos proteínas anticoagulantes: proteína C y S. Estos fármacos Inhiben el paso de vitamina K epóxido (inactiva) a vitamina k reducida (hidroquinona), que es la forma activa. Ésta es cofactor necesario para la carboxilacion de los factores, necesaria para su unión al calcio. El descenso de la actividad de los factores en plasma depende de la semivida de cada uno: factor VII y proteína C (6 horas), IX (24 horas), X (30 – 40 horas) y II (60 horas) y la acción antitrombótica máxima no se alcanza hasta que la actividad de los cuatro factores no ha desaparecido por completo. Los fármacos antagonistas de la vitamina k se dividen a su vez en:

- Derivados de la 4-hidroxicumarina: dicumarol, acenocumarol, warfarina, femprocumón y biscumacetato.
- Derivados de la indan 1,3 diona: fenindiona y difenadiona

En nuestro país solo hay comercializados dos: el acenocumarol y la warfarina . El más utilizado es el acenocumarol, mientras que la warfarina es la más utilizada en Estados Unidos y Gran Bretaña. **(10)**

En los pocos trabajos comparativos publicados, la efectividad terapéutica de acenocumarol y warfarina es similar, con similares porcentajes de control efectivo de anticoagulación. Algunos autores señalan un ligero porcentaje superior de hemorragias menores con la warfarina. **(52)**

Propiedades farmacológicas

Ambos fármacos se absorben bien por vía oral, alcanzando su pico máximo plasmático a las 1 – 3 horas para el acenocumarol y a las 2 – 9 horas para la warfarina. Se distribuyen unidos a proteínas en un 97 – 98 %, siendo la fracción libre la única activa. Su metabolismo es hepático por las enzimas del citocromo P-450, originándose metabolitos inactivos que se eliminan por la orina. Existen variantes genéticas de los genes CYP2C9 y VKROC1 que pueden modificar la respuesta terapéutica de los anticoagulantes.

Los dos compuestos atraviesan la barrera placentaria, por lo que no se recomienda su uso en el embarazo, habiéndose descrito malformaciones congénitas que afectan al desarrollo fetal tales como hipoplasia nasal, microcefalia, retraso mental y condrodisplasia (embriopatía warfarínica) en niños de madres sometidas a tratamiento anticoagulante oral en el primer trimestre del embarazo **(6,10)**. En el tercer trimestre lo que aumenta es el riesgo de hemorragia fetal y placentaria y aunque podrían prescribirse durante el segundo trimestre, la mayoría de profesionales prefieren sustituirlos por heparinas de bajo peso molecular durante todo el embarazo.

La warfarina no se excreta a la leche materna por lo que no contraindica la lactancia, el acenocumarol se excreta en mínimas cantidades, casi indetectables, puede darse la lactancia aunque se recomienda la administración profiláctica de vitamina k al lactante.

El acenocumarol (Sintrom®) se presenta en comprimidos de 1 y 4 mg. La Warfarina (Aldocumar®) de 1,3,5y 10 mg. (Anexo V)

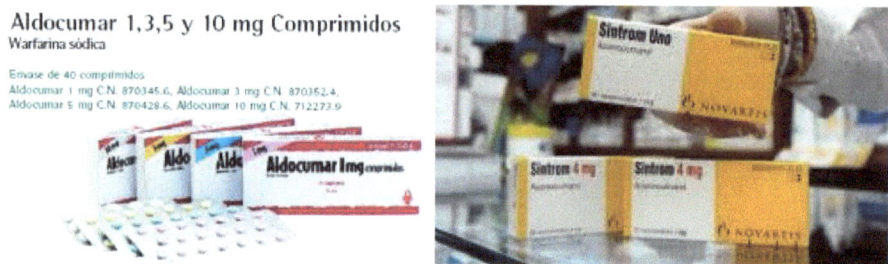

La dosis diaria de acenocumarol o warfarina es variable a nivel individual y depende de factores genéticos, alteraciones de la absorción, fármacos concomitantes, alimentos, alcohol, etc.

La dosis inicial para warfarina suele ser de 10 mg en la primeras 48 horas y después la dosis de mantenimiento oscilara entre3- 9mg dependiendo de los controles de coagulación que se recomiendan realizar inicialmente a las 48 horas y después lo frecuente que precise hasta alcanzar la dosis estable. La dosis de warfarina se reducirá si el tiempo de protrombina esta alargado, en ancianos, bajo peso, insuficiencia cardiaca, insuficiencia renal o hepática o toma de fármacos que potencian el efecto anticoagulante. El Acenocumarol se pauta con una dosis que oscila entre 2-4 mg diarios y se reduce en las mismas situaciones clínicas que la warfarina. Las dosis de anticoagulantes deben tomarse siempre a la misma hora del día.

El efecto de los antivitaminas K se alarga más de 24 horas por lo que si el paciente olvida su dosis debería tomarla lo antes posible en el día y nunca debe tomar al día siguiente una dosis doble para compensar la olvidada.

Una vez que no es necesario tomar el tratamiento anticoagulante este puede interrumpirse sin disminución paulatina de dosis, aunque hay pacientes con alto riesgo de efecto trombótico rebote como es el caso del postinfarto de miocardio

El margen terapéutico es estrecho y son muy cercanos los límites de la dosis insuficiente y excesiva, por lo que para mantener ajustada la dosis de un fármaco antivitamina k es necesario realizar periódicamente, al menos una vez mensual y mas al principio, un control de coagulación para determinar el tiempo de protrombina, expresado en forma de INR, que es la razón normalizada internacional y que se calcula dividiendo el tiempo de protrombina del paciente entre el tiempo de protrombina control y elevando a un índice de sensibilidad internacional (ISI) que varía según el reactivo de tromboplastina utilizado. Desde un punto de vista general el objetivo es conseguir un INR entre 2 – 3 en la mayoría de las indicaciones y entre 2,5 – 3,5 en las prótesis valvulares mecánicas. Un paciente no anticoagulado suele tener un INR aproximadamente de 1. Un INR por encima de 4 aumenta el riesgo de hemorragia.(Tabla 1)

I.N.R:	(T. Protrombina paciente / T. Protrombina control)^{ISI}
0,9-1,1	Valor normal, paciente no anticoagulado
1,1-2,0	Nivel bajo de anticoagulación
2,0-3,0	Nivel usual de anticoagulación para la mayoría de indicaciones
2,5-3,5	Nivel elevado de anticoagulación (prótesis valvulares mecánicas)
$\geq 4,0$	Exceso de anticoagulación. Riesgo de hemorragia

Tabla 1. Significado de los valores de I.N.R.

Tradicionalmente el control del paciente anticoagulado se ha realizado en los servicios de hematología de los hospitales, pero en los últimos años, motivado por el número de pacientes en que ha sido necesario prescribir anticoagulación, se ha ido llevando a cabo una descentralización del control de estos pacientes hacia los centros de atención primaria, con participación de médicos de atención primaria y profesionales de enfermería previamente entrenados y favorecido por la aparición de coagulómetros portátiles que permiten la obtención del INR de forma inmediata y por técnica de punción capilar. En nuestra comunidad se publico en 2005 un documento para la coordinación del control del paciente anticoagulado (39), donde se concretan los requisitos de la descentralización y la necesaria coordinación entre los centros de atención primaria y los servicios de hematología. Actualmente en nuestro país convive un modelo mixto donde un 70 – 80% de los pacientes se controlan en centros de atención primaria por su médico de familia o en unidades de enfermería en contacto con los servicios de hematología, un pequeño porcentaje dispone de autocontrol domiciliario realizado por el paciente o familiares vinculados a un centro asistencial, con buena efectividad terapéutica y con menor índice de eventos hemorrágicos. Un 20% de pacientes más complejos siguen controlándose en los servicios de hematología hospitalarios.

Sea donde sea el control del paciente, pero de forma mas directa en el centro de atención primaria, el enfermero juega un papel fundamental en la asistencia al paciente anticoagulado, realizando las funciones de:

- Valoración de enfermería por patrones de salud, siendo de especial importancia conocer las posibles medicaciones que toma el paciente para detectar interacciones graves, el estado de nutrición, la existencia de hábitos tóxicos, la existencia de problemas psíquicos o físicos que puedan impedir un correcto cumplimiento terapéutico

- Determinación del INR por punción capilar en coagulómetro portátil

- Educación de los pacientes, siendo el objetivo que se adquiera un buen conocimiento sobre el significado de la anticoagulación, los medicamentos a evitar y cuales puede emplear con seguridad, como actuar ante situaciones de traumatismos, enfermedades intercurrentes, cirugía, asistencia al odontólogo etc. Esta función educativa se suele apoyar en material grafico que se le aporta el paciente (41,8,11,44,)

Reacciones adversas

La reacción adversa más frecuente es la hemorragia, que puede variar de poco significativa a muy grave. Cualquier pequeña hemorragia obliga a realizar un control urgente del INR y en caso de cefaleas o alteración neurológica, hemoptisis o hemorragia digestiva remitir de forma urgente al hospital.

La incidencia anual de hemorragias en el anticoagulado es de 1 – 5 %, severas un 1 – 2% y con una mortalidad del 1 %. La más grave es la hemorragia intracraneal. Son más frecuente cuando el INR está por encima de 4.0, si el INR está en rango terapéutico 2 – 3, debe de buscarse una causa subyacente. En caso de hemorragias graves está indicado antagonizar el efecto anticoagulante con concentrado del complejo protrombina y/o vitamina k.

Son más frecuentes en pacientes mayores de 75 años o cuando hay patología asociada como hipertensión, insuficiencia renal o hepática, toma concomitante de antiinflamatorios etc. Se ha propuesto la utilización de la escala HAS-BLED (tabla 2) para valorar el riesgo de hemorragia antes de iniciar la anticoagulación (5,48):

HAS-BLED	DESCRIPCIÓN	PUNTOS
H (Hipertensión)	Hipertensión no controlada (PAS $\geq$160 mmHg)	1
A(Abnormal Kidney and/or liver function)	Insuficiencia renal o Insuficiencia hepática	1 o 2
S (stroke)	Historia previa de ictus	1
B(bleeding)	Historia de sangrado, anemia o predisposición al sangrado	1
L (lábil INR)	Mal control de INR (menos del 60% del tiempo dentro del rango terapéutico)	1
E(Elderly)	Edad $\geq$ 65 años	1
Drugs and/or alcohol	Medicamentos que afectan la hemostasia (AAS, clopidogrel) y/o ingesta de $\geq$ 8 bebidas alcohólicas a la semana	1 ó 2
Puntuación Máxima		9

Tabla 2. Escala HAS-BLED. Adaptada de la Guía sobre nuevos anticoagulantes de la Sociedad Española de Hematología y Hemoterapia. 2012

Otras reacciones adversas poco frecuentes son: hipersensibilidad, fenómenos de vasculitis distal, alteraciones gastrointestinales, hepatotoxicidad, Alopecia o necrosis cutánea hemorrágica generalmente asociada a un déficit de proteína C o S.

Los fármacos antivit K están contraindicados en el embarazo (primer y segundo trimestre), enfermedades hemorrágicas, hepatopatías severas, insuficiencia renal grave, aneurisma aórtico o intracraneal, cirugía reciente intracraneal u oftalmológica, úlcera péptica, neoplasias urológicas, digestivas, pulmonares y cerebrales. Hipertensión inestable, alcoholismo o alteraciones psiquiátricas o situaciones que impidan un control adecuado del paciente. Intervenciones quirúrgicas recientes o previstas en el sistema nervioso central, intervenciones oftalmológicas o traumáticas que pongan al descubierto grandes superficies de tejidos. Actividad fibrinolítica aumentada como en las intervenciones pulmonares o prostáticas. Hipersensibilidad al principio activo o alguno de los excipientes.

En caso de deficiencia conocida o sospechada de proteínas anticoagulantes C o S la administración de antivitaminas K se asocia a necrosis tisulares por lo que debe sopearse la relación beneficio-riesgo y administrar conjuntamente heparina en los primeros días para minimizar este riesgo **(6,1)**

Advertencias y precauciones de empleo

- Se requiere un control estricto en estados que disminuyen la fijación del anticoagulante como tirotoxicosis, tumores, enfermedades renales e infecciones
- Los pacientes con enfermedades hepáticas pueden tener alterada la síntesis de factores de coagulación
- En las enfermedades de malabsorción puede estar disminuida la absorción del fármaco y en la insuficiencia cardiaca congestiva su metabolización
- El tratamiento en población infantil requiere mayor precaución y control de dosis, también se debe tener precaución en el anciano que suele requerir menos dosis y tener mayor tendencia a la hemorragia y situaciones traumáticas
- Están contraindicadas las inyecciones intramusculares pues pueden causar graves hematomas. No existe ningún problema con las vías subcutáneas e intravenosa

Interacciones

Clásicamente se ha dado gran importancia a las interacciones farmacológicas de los anticoagulantes orales con otros medicamentos bien por inducción e inhibición enzimática o por competición por la unión a proteínas plasmáticas o modificaciones de la flora intestinal. El enfoque de esta complicación ha variado con el tiempo hacia una actitud actual más sencilla y pragmática. Se pretende perder el miedo a prescribir un medicamento necesario, por la posibilidad de que interaccione con el anticoagulante (por ejemplo, el ciprofloxacino en osteomielitis por gran negativos), siempre que se conozca esta posibilidad, se comunique a hematología y se curso un control a los 2 – 3 días de comenzar con el tratamiento de manera que la pauta pueda ser ajustada (no olvidar repetir el proceso cuando se retire el nuevo medicamento). Paralelamente se recomienda conocer la existencia de fármacos considerados preferidos para su asociación con anticoagulantes orales y, equivalentes o intercambiables dentro de cada grupo terapéutico, lo que facilita evitar las posibles interacciones, por ejemplo diclofenaco como antiinflamatorios no esteroideos, dipirona y paracetamol como analgésicos menores, pantoprazol como antiulceroso, etc. Las interacciones más frecuentes e importantes son:

- **Potencian la anticoagulación**: alcohol, amiodarona, esteroides anabólicos, cimetidina, clobibrato, cotrimoxazol, eritromicina, fluconazol, isoniazida, metronizadol, miconazol, omeprazol, fenilbutazona, piroxicam, propafenona, propanolol, sulfinpirazona, paracetamol, ciprofloxacino, dextropropoxifeno, disulfiram, itraconazol, quinidina, fenitoina, tamoxifeno, tetraciclina, vacuna de la gripe, cefamandol, cefazolina, gemfibrozilo, heparina, indometacina, sulfisoxazol, ácido acetil salicílico, disopiramida, fluorouracilo, ifosfamida, ketoprofeno, lovastatina, acido nalidíxico, norfloxacino, ofloxacino, sulindaco, tolmetina, salicilatos tópicos.

- **Inhiben la anticoagulación**: barbitúricos, carbamazepina, clordiazepóxido, colestiramina, griseofulvina, nafcilina, sucralfato, nutrición enteral, dicloxacilina azatioprina, ciclosporina, etretinato, trazodona

Los alimentos ricos en vitamina K como verduras (grelos, espinacas, col, etc.) pueden modificar el INR disminuyendo el efecto anticoagulante, por lo que no deberían ser consumidos en exceso. Actualmente, lo que se recomienda al paciente es que no modifique su dieta de forma importante (es decir, que no coma durante una semana solo carne y a la siguiente verdura) pero sin proporcionarle listados de alimentos prohibidos. En caso de que el paciente aumente su ingesta de verduras o modifique su alimentación (por ejemplo dieta para perder peso) se recomienda que se comunique a hematología. **(6,1,18)**

Indicaciones de los anticoagulantes orales antivitamina K

- Para prevenir el tromboembolismo en la fibrilación auricular: Son distintos los ensayos clínicos realizados durante el siglo pasado que demostraron la eficacia de la anticoagulación en la prevención de embolismo periférico e ictus en la fibrilación auricular.

A la hora de evaluar el riesgo trombótico e indicar la necesidad del tratamiento anticoagulante en un paciente con fibrilación auricular se utiliza la escala CHAD2 (Tabla 3) donde se puntúan una serie de ítems clínicos: **(5,27)**

CHADS2	DESCRIPCIÓN	PUNTUACIÓN
C	Insuficiencia cardiaca congestiva	1
H	Hipertensión	1
A	Age (edad mayor de 75 años)	1
D	Diabetes mellitus	1
S2	Stroke (ictus o AIT previos. Puntuación doble)	2
Puntuación Máxima		6

Tabla 3. Escala de riesgo trombótico CHAD2. Adaptada de Guia de nuevos anticoagulantes de la Sociedad española de Hematología y Hemoterapia. 2012

Existe consenso en indicar la anticoagulación con una puntuación CHADS2 igual o mayor que 2. La dosificación de anticoagulante debe ajustarse para mantener un INR entre 2.0 – 3.0.

- Prevención de embolismo en la cardioversión eléctrica de pacientes con fibrilación auricular. INR 2.0 – 3.0.

- Prótesis valvulares mecánicas cardiacas. Se recomienda INR entre 2.5 – 3.5. en las prótesis valvulares biológicas se recomienda anticoagulante oral con INR entre 2.0 – 3.0 los tres primeros meses y después antiagregación plaquetaria con ácido acetil salicílico (80 – 325 mg).

- Durante los tres primeros meses del postinfarto o indefinidamente si el paciente presenta fibrilación auricular.

- En la profilaxis primaria o secundaria de la trombosis venosa profunda y del tromboembolismo pulmonar, comenzando el tratamiento con heparinas de bajo peso molecular que se mantiene hasta obtener con el anticoagulante oral un INR entre 2.0 – 3.0. La anticoagulacion se mantendrá entre 3 – 6 meses y de por vida en pacientes con déficits de proteínas anticoagulantes o con fenómenos tromboembólicos de repetición. **(18)**.

Fármacos antivitamina k en situaciones especiales

1. Intervenciones quirúrgicas: En la cirugía menor la pauta más habitual es la supresión del tratamiento anticoagulante oral durante los dos días (acenocumarol) o cuatro (warfarina) previos al procedimiento, reiniciándolo la misma noche del día de la intervención. Se administrara heparina a dosis profilácticas o terapéuticas, según el riesgo de tromboembolismo, desde el segundo día de la supresión del tratamiento hasta el día siguiente de la intervención. En la cirugía mayor programada se suspenderá el tratamiento anticoagulante oral 3 a 5 días según sea acenocumarol o warfarina, a partir del segundo día, si el INR está por debajo del nivel terapéutico, recibirá heparina a dosis progresivamente crecientes hasta alcanzar dosis terapéuticas cuando el INR se normalice. Se sustituirán las dosis terapéuticas por profilácticas de heparina, estándar o elevadas según el riesgo trombótico, con la suficiente antelación para permitir la intervención:

   - Riesgo de tromboembolismo elevado (tromboembolismo venoso en los tres meses anteriores, historia de tromboembolismo venoso, prótesis mecánicas en posición mitral, válvulas cardiacas de modelo antiguo).
   - Riesgo de tromboembolismo bajo (tromboembolismo venoso durante al menos 3 meses, fibrilación auricular sin historia de ictus, válvula cardíaca mecánica de doble hemidisco en posición aórtica.

Se mantendrán las dosis profilácticas durante un mínimo de 24 horas, siempre que no existan complicaciones hemorrágicas significativas. Tras el tiempo considerado oportuno iniciaremos tratamiento con dosis terapéuticas de heparina y comenzaremos el inicio del tratamiento anticoagulante oral, superponiendo ambos tratamientos hasta que el valor de INR este dentro del margen terapéutico.

En la cirugía mayor de urgencias, si la cirugía puede esperar 8 – 12 horas administraremos vitamina k 10 – 30 mg en bolo, repetiremos INR antes de la intervención; si es menor a 1.7 no es necesario administrar plasma. Si la cirugía no puede esperar más de 6 horas y el INR demuestra anticoagulación correcta administraremos vitamina k en bolo en dosis de 10 – 30 mg

2. Procedimientos odontológicos: A los pacientes con alto riesgo de hemorragia se les suspenderá el tratamiento anticoagulante oral, en el resto no es necesario suspender ni siquiera reducir la administración del tratamiento antes de la práctica de exodoncias. La pauta a seguir en caso de exodoncia es la siguiente:

- Acudir a control en el día para comprobar que el nivel de anticoagulación es correcto.

- Irrigar la zona cruenta tras la exodoncia con una ampolla de 500 mg de ácido tranexámico y a continuación aplicar puntos de sutura. Tras ello el paciente realizará compresión activa de la zona con una gasa empapada en otra ampolla de ácido tranexámico durante 20 minutos.

- Posteriormente se continuará con enjuagues de dos minutos de duración, cada 6 horas, durante 2 días con acido tranexámico. No comer ni beber durante 1 hora tras ellos y evitar alimentos duros o calientes.

- Se recomiendan asimismo enjuagues con ácido tranexámico durante el procedimiento y tras éste mientras persista el sangrado.**(39)**

FÁRMACOS DE ACCIÓN DIRECTA. INHIBIDORES DIRECTOS DE LA TROMBINA

La trombina o factor IIa permite la transformación del fibrinógeno en fibrina para formar un coagulo estable. El primer inhibidor oral directo de la trombina que se comercializó fue el Ximelagatrán, que fue aprobado en 22 países con la indicación de prevención de fenómenos tromboembólicos tras la artroplastia de cadera o rodilla. Posteriormente fue retirado por hepatotoxicidad grave cuando su uso se prolongaba por encima de los 35 días **(36,13)**.

Actualmente el único inhibidor oral directo de la trombina comercializado es el **dabigatrán**, introducido comercialmente en 2008 con autorización en las indicaciones de prevención de eventos tromboembólicos en la cirugía de prótesis de cadera y rodilla y posteriormente en la prevención del tromboembolismo en pacientes en fibrilación auricular no valvular con factores de riesgos asociados como ictus, ataque isquémico transitorio o embolia sistémica previa, fracción de eyección ventricular izquierda < 40%, insuficiencia cardiaca, edad igual o mayor a 75 años, edad igual o mayor a 65 años asociada a uno de los siguientes: diabetes mellitus, enfermedad coronaria o hipertensión.

Su vía de administración es oral en forma de profármaco (dabigatrán etexilato). Es un inhibidor potente, competitivo y reversible que se une al sitio catalítico y activo de la trombina causando su inactivación.

Características farmacológicas

Su absorción como profármaco se realiza en el estómago y en intestino delgado, mejor a pH ácido, mediante reacción de hidrólisis catalizada por una esterasa presente en el enterocito, vena porta e hígado convirtiéndose en metabolito activo. El tiempo para alcanzar la concentración máxima del fármaco en sangre es de 0,5 – 2 horas. La administración de dabigatrán etexilato junto con alimentos no modifica la biodisponibilidad . La vida media es de 12 a 14 horas, tanto en jóvenes sanos como en los de más edad, y algo mas (12 – 17 horas) en pacientes convalescientes de cirugía ortopédica mayor. Se requiere de 2 – 3 días en sujetos jóvenes sanos, hasta 7 días en pacientes con fibrilación auricular para alcanzar el estado estacionario, en régimen de dosis múltiples **(39)**. El dabigatran no se une de manera significativa a las proteínas plasmáticas (un 30% aproximadamente). Su volumen de distribución aparente es de 60 – 70 l. La eliminación del dabigatrán es principalmente renal en un 80% y el resto por vía biliar, este es el motivo para tener una especial precaución en pacientes con insuficiencia renal.

El dabigatrán etexilato y el dabigatrán no son metabolizados por el sistema citocromo P450 y no ejercen efectos in vitro sobre las enzimas del citocromo P450 humano, por esto sus interacciones son pocos numerosas. El dabigatrán es un sustrato de la proteína transportadora glicoproteína P, por lo que interaccionara con inhibidores o estimuladores de esta proteína. Se espera que el uso concomitante de inhibidores potentes de la glicoproteína P (tales como la amiodarona, verapamilo, quinidina, ketoconazol y claritromicina) conduzca a un aumento de las concentraciones plasmáticas de dabigatran, con el consiguiente riesgo de hemorragia. Así el ketoconazol, la ciclosporina, el itraconazol y el tacrolimus están contraindicados y se debe de tener precaución con otros inhibidores potentes de la glicoproteína P como amiodarona, quinidina o verapamilo. Entre los inductores de la glicoproteína P tenemos a la rifampicina, hierba de San Juan (hypericum perforatum), carbamazepina o fenitoina que causan una disminución de la concentración plasmática de dabigatran y se deben evitar. Los inhibidores de la bomba de protones (omeprazol, pantoprazol) disminuyen la absorción del fármaco al aumentar el pH gástrico. **(45,51)**

Reacciones adversas

La reacción adversa más frecuente es la hemorragia. Las hemorragias menores se dan con una frecuencia de un 14% y las mayores en un 2%. Son más frecuentes en pacientes con insuficiencia renal moderada (aclaramiento de creatinina de 30 – 50 ml/minuto), que toman medicamentos inhibidores de la glucoproteina P, con bajo peso corporal, mayores de 75 años, toma de antiinflamatorios no esteroideos, antiagregantes o antidepresivos inhibidores de la recaptación de serotonina, enfermedades hematológicas o digestivas etc. En caso de hemorragia mayor o necesidad de cirugía urgente no se dispone de antídoto, recomendándose además de interrumpir dabigatrán, las medidas de reemplazo hemoterápico y administración del complejo protombínico o factor VII recombinante aunque sin conocer su eficacia clínica, también es posible la diálisis. La carencia de antídoto para algunos autores es una característica muy desfavorable, sobre todo en el caso de hemorragias intracraneales **(28,12)**, en las que aunque su frecuencia sea menor que con antivitaminas K su evolución puede ser letal. Cuando se produce una hemorragia intracraneal con un fármaco antivitamina K podemos lograr la reversión del efecto anticoagulante en 20-30 minutos con la administración de concentrado de factores del complejo protrombínico y mientras esperamos que la vit K administrada haga efecto. Esto se ha intentado en casos de hemorragia intracraneal con dabigatran con administración de factor VII recombinante o con Concentrado de factores del complejo protombínico con malos resultados recomendándose, por tanto, la diálisis urgente por la baja unión del fármaco a proteínas.

Otros efectos adversos relativamente frecuentes son la presencia de alteraciones digestivas como dispepsia, hemorragia intestinal, dolor abdominal, diarrea y nauseas.

Otras reacciones de menor incidencia son las cutáneas, trombopenia, alteraciones digestivas, elevación de transaminasas, etc.

Contraindicaciones

Hipersensibilidad al fármaco, insuficiencia renal grave (aclaramiento menor de 30 l/minuto), situaciones de hemorragia o de alto riesgo hemorrágico, tratamientos con otros anticoagulantes, insuficiencia hepática importante, tratamiento con los anti fúngicos ketoconazol o itraconazol o con los inmunosupresores ciclosporina y tracolimus. No está autorizada su administración en el embarazo y lactancia.

Presentación, dosis y control

Dabigatrán se presenta en forma de comprimidos de 75, 110 y 150 mg

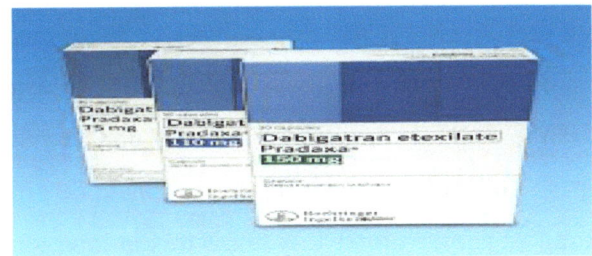

Aunque altera los parámetros de coagulación, la determinación de INR u otros parámetros no es útil para valorar su eficacia y seguridad clínicas. La dosificación recomendada es de 220 mg una vez al día en la cirugía de prótesis de rodilla durante 10 días, o de cadera durante 20 – 35 días. Se recomiendan dosis menores de 150 mg en pacientes mayores, con insuficiencia renal moderada o en tratamiento concomitante con el antiarrítmico verapamilo. En la prevención de fenómenos tromboembólicos en la fibrilación auricular la dosis es de 150 mg cada 12 horas indefinidamente y 110 mg cada 12 horas en ancianos, insuficiencia renal, alteraciones de la mucosa digestiva o bajo tratamiento con verapamilo. **(2)**

Dabigatrán y procedimientos quirúrgicos

En los procesos de bajo riesgo hemorrágico se recomienda suspender Dabigatrán 24 horas antes de la intervención si la función renal es normal y entre 2 – 3 días si hay insuficiencia renal. Si la intervención es de cirugía mayor o de alto riesgo hemorrágico el fármaco debe ser suspendido 48 horas antes y entre 3 – 4 días si hay insuficiencia renal. Cuando la indicación es de cirugía urgente debe intentarse demorarla al menos 12 horas y si esto no es posible prescribir concentrado de complejo protombínico o factor VIIa recombinante con hasta ahora no probada efectividad clínica o diálisis urgente. Para realizar una anestesia espinal la hemostasia tiene que ser totalmente correcta y si se tiene colocado un catéter epidural no dar el Dabigatrán hasta al menos 2 horas después de que éste haya sido retirado. En los procesos de extracción dental o biopsia es suficiente con suspender la toma previa al procedimiento. **(2,56)**

Utilidad clínica del dabigatrán

La utilizada clínica del dabigatrán se ha evaluado en cuanto a eficacia y seguridad en un programa de ensayos clínicos conocidos como RE – VOLUTION **(32)** en distintas indicaciones clínicas:

En el ensayo clínico RE – NOVATE (artroplastia de cadera) se incluyeron 3494 pacientes de distintos hospitales europeos, de Sudáfrica y Australia y se asignarón (doble ciego) a recibir dabigatrán a dosis de 150 mg o 220 mg una vez al día o enoxaparina (heparina de bajo peso molecular) a dosis de 40 mg (pauta de profilaxis estándar en Europa). El dabigatrán se administraba 1 -4 horas tras la intervención y la enoxaparina la noche antes. Ambos tratamientos se administraron durante 35 días. La eficacia de dabigatrán fue similar, a ambas dosis a la de fraxiparina con un 6% de tromboembolismo con 220 mg, 8,6% con 150 mg y 6,7% con enoxaparina. La frecuencia de hemorragias menores y mayores fue similar en los tres grupos. **(21)**

En el ensayo RE – MODEL realizado en los mismos países y con 2076 pacientes para artroplastia de rodilla, comparó las mismas dosis de dabigatrán y de enoxaparina que en el ensayo anterior, con una duración de tratamiento de 6 – 10 días. Igualmente dabigatrán se mostro tan eficaz como enoxaparina y con un índice de complicaciones similar. **(22)**

Sin embargo el ensayo RE – MOBILIZE, realizado en Estados Unidos y Canadá, lo que hace es comparar las mismas dosis de dabigatrán con las dosis americanas de profilaxis con enoxaparina que es de 30 mg dos veces al día y en esta ocasión, dabigatrán se muestra inferior en cuanto a eficacia a enoxaparina, lo que se atribuye a la mayor dosis de ésta y similar en cuanto a seguridad. **(29)**

Cuando se combinan los datos de los distintos estudios se puede concluir que el dabigatrán tiene una eficacia y un perfil de seguridad similar a la enoxaparina en la prevención de fenómenos tromboembólicos en cirugía ortopédica. **(17)**

El ensayo clínico RE – LY (randomized evaluation of long-term anticoagulation terapy) compara la eficacia en la prevención del tromboembolismo del dabigatrán con la warfarina en pacientes con fibrilación auricular. El estudio se realizo en 951 centros de 44 países, con un total de 18113 pacientes y durante un periodo de seguimiento de 2 años. El método era con doble ciego y se comparaban dos dosis de dabigatrán (110 mg cada 12 horas y 150 mg cada 12 horas), con warfarina a dosis para mantener el INR entre 2 – 3. Se evaluó la aparición de ictus o embolia sistémica en cuanto a eficacia y la aparición de hemorragias en cuanto a seguridad.

Los eventos tromboembólicos ocurrieron en 182 pacientes con dibagatrán 110 mg, 134 con dibagatrán 150 mg y 199 con warfarina. El índice de muerte por cualquier causa fue similar en los tres grupos y las hemorragias fueron menores en el grupo de dibagatrán 110 mg (2,71% y año), y similares en los grupos de dibagatrán 150 mg (3,11%) y warfarina (3,36%). La hemorragia cerebral fue 0,38% con warfarina frente a 0,12 y 0,10% con 110 y 150 mg de dabigatran.

Se concluye que dosis de dibagatrán 110 mg cada 12 horas tienen una eficacia similar a warfarinas con menor índice de hemorragias y que dosis de dibagatrán 150 mg cada 12 horas son más eficaces que la warfarina y con índice de hemorragias similar.

Un dato que llamo la atención en este estudio es que se observó un índice de dispepsia y hemorragia gastrointestinal significativamente superior a warfarina y se constató que la frecuencia de infarto de miocardio era superior en ambos grupos de dabigatrán en relación con la warfarina (86 casos en dibagatrán 110, 89 en dibagatrán 150 y 63 en warfarina), sin que se le encontrara una explicación concluyente. **(15)**

Un posterior análisis de todos los eventos de isquemia miocárdica sucedidos en los distintos grupos de pacientes no establece diferencias significativas. Se concluye que si bien con el dibagatrán hay una leve mayor tendencia al infarto de miocardio, esto no se comprueba en la frecuencia de aparición de episodios de isquemia coronaria sin necrosis. **(34).**

El estudio RECOVER evalúa la eficacia de dabigatrán 150 mg cada 12 horas comparándolo con warfarina en el tratamiento del tromboembolismo venoso tras tratamiento inicial en ambos grupos con Heparina de bajo peso molecular durante 5 – 10 días. Se evaluó el tromboembolismo venoso recurrente y la aparición de hemorragias. En ambos grupos la eficacia y seguridad fue similar y no hubo diferencias significativas de eventos tromboembólicos (2,4% dabigatrán, 2,1% warfarina) ni hemorrágicos (1,6% dabigatrán, 1,9% warfarina). **(55)**

Dabigatrán se ha contraindicado formalmente por la Agencia Europea del Medicamento y por la FDA Norteamericana (Food and drugs admisnistration) para su utilización en prótesis valvulares mecánicas a raíz de los malos resultados obtenidos en el ensayo REALIGN realizado en Europa en pacientes operados de prótesis valvular cardiaca reciente y donde se detecto un alto índice de ictus, ataques cardiacos, así como mayores episodios de sangrado tras la cirugía en el grupo de dabigatrán en relación con la warfarina. **(3,25)**

FÁRMACOS DE ACCION DIRECTA: FÁRMACOS INHIBIDORES DEL FACTOR Xa

La Agencia Europea del Medicamento ha autorizado la inclusión de dos nuevos fármacos: rivaroxabán y apixabán, que actúan inhibiendo reversiblemente el factor Xa, por lo que se impide la generación de trombina.

El **rivaroxabán** se ha autorizado para la prevención del tromboembolismo venoso en la cirugía de reemplazo de cadera y rodilla, para la prevención del ictus y embolismo en la fibrilación auricular con uno o más factores de riesgo y para el tratamiento de la trombosis venosa profunda y prevención de la trombosis venosa profunda recurrente y el tromboembolismo pulmonar en adultos.

Apixabán de momento solo se ha autorizado en la prótesis de cadera y rodilla y está próxima su autorización en la fibrilación auricular.

Características farmacológicas

Ambos fármacos se absorben bien por vía oral alcanzando su concentración máxima en 2 – 4 horas, presentan una alta unión a proteínas plasmáticas, 92 % para rivaroxabán y 87% apixabán. De la dosis de de rivaroxabán administrada se metaboliza 2/3 de los cuales la mitad se excreta por vía renal y la otra mitad por vía fecal, el tercio restante se excreta sin metabolizar por orina, por esta eliminación predominantemente renal es necesario estudiar la función renal antes de su prescripción. Apixabán solo se elimina en un 27% por vía renal, el resto por vía fecal, por lo que su utilización en enfermeros renales es más segura. Se contraindica rivaroxabán en enfermos con aclaramiento de creatinina de menos de 30 ml/minuto y de 15ml/minuto para apixaban.

El metabolismo de ambos fármacos se realiza a través de los citocromos CYP3A4 y CYP2J2 y ambos son sustratos de la proteína transportadora gp-P, por esto se contraindica su uso concomitante con antimicóticos azolicos (ketoconazol, itraconazol, voriconazol) y con inhibidores de las proteasas del virus de la inmunodeficiencia humana (ritonavir). Tampoco se recomienda por el riesgo de sangrado con otros anticoagulantes y con especial precaución con antiagregantes plaquetarios. Se desaconseja su uso en el embarazo y lactancia.

Reacciones adversas

La más importante es la hemorragia y la anemia. En caso de hemorragias severas no hay antídoto especifico aunque se recomienda que además de medidas hemostáticas locales se administre concentrado del complejo protombinico o factor VII recombinante, aunque sin eficacia clínica demostrada en esta indicación. Otras posibles reacciones adversas menos frecuente son: mialgias, alteraciones gastrointestinales, elevación de transaminasas, prurito y en el caso del rivaroxabán, insuficiencia renal.

Presentación Dosificación y control

Rivaroxaban (Xarelto®) se presenta en comprimidos de 10, 15 y 20 mg.
Apixaban (Eliquis®) en comp de 2,5 y 5 mg

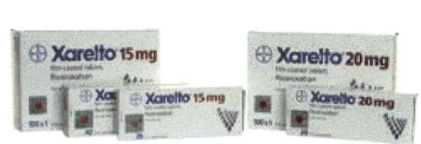
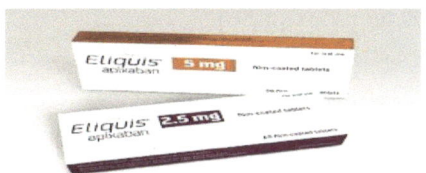

Aunque estos fármacos pueden alterar la actividad protrombínica y el INR, la determinación de estos no sirve para controlar la dosificación de estos anticoagulantes. Podría ser útil en casos especiales de hemorragia o cirugía urgente la determinación de la actividad del factor Xa.

Para la prevención del tromboembolismo venoso en la cirugía de cadera y rodilla se recomienda 10 mg de rivaroxabán a las 6 – 10 horas de la intervención durante 5 semanas en la cirugía de cadera y 2 semanas en la de rodilla. Apixabán se prescribe 2,5 mg cada 12 horas a las 12 – 24 horas de la intervención y durante 32 – 38 días en cadera y 10 – 14 días en rodilla.

En la fibrilación auricular se prescriben 20 mg de rivaroxabán una vez al día, disminuyéndose a 15 mg en caso de insuficiencia renal moderada.

En la trombosis venosa profunda y prevención del tromboembolismo pulmonar: 15 mg de rivaroxabán cada 12 horas las primeras 3 semanas y después 20 mg una vez al día durante 3 a 6 meses (15 mg si hay insuficiencia renal)

Contraindicaciones

Están contraindicados en casos de hipersensibilidad, insuficiencia hepática severa, insuficiencia renal grave y situaciones activas o de riesgo hemorrágico (**4,56**)

Inhibidores del factor Xa y cirugía

Para el rivaroxabán se recomienda suspender al menos 24 horas antes de la intervención o más si existe disfunción renal. En el caso de tener colocado un catéter epidural no se debe dar el fármaco hasta al menos 6 horas de la retirada del mismo y 5 horas en el caso de apixabán, del cual no se ofrece mayor información con respecto a la cirugía en sus datos técnicos.(**4,56**)

Utilidad clínica del rivaroxabán

Diversos ensayos clínicos han evaluado la eficacia y seguridad de este fármaco en distintas indicaciones clínicas. El estudio RECORD (Regulation of Coagulation in Ortopedic Surgery To Prevent Deep – Venous Thrombosis an Pulmonary Embolism) son ensayos multicéntricos y de doble ciego que compara la eficacia y seguridad de rivaroxabán frente a enoxaparinas en las cirugías de artroplastia de cadera y rodilla. En el ensayo RECORD1 realizado en cirugía de prótesis de cadera se compara una dosis de 10 mg de rivaroxabán oral, comenzando después de la intervención. Se incluyeron 4541 pacientes de países de Europa, Turquía, América, Sudáfrica y Canadá y se establecieron 2 grupos a uno se le daba rivaroxabán y una inyección placebo y al otro un comprimido placebo y la inyección de enoxaparina. Se administró durante 36 días y se valoró la aparición de trombosis venosa profunda, muerte por cualquier causa y tromboembolismo pulmonar. La trombosis venosa profunda se manifestó en 4 pacientes del grupo rivaroxabán y 33 en el de enoxaparina (0,2 y 3% respectivamente). El embolismo pulmonar ocurrió en 4 pacientes del grupo rivaroxabán frente a 1 en enoxaparina (0,1 y 0,3%). La muerte por cualquier causa fue similar (0,3%) en ambos grupos.

Con respecto a la seguridad se valoró la aparición de hemorragias mayores, que fue del 0,3% en el grupo de rivaroxabán y 0,1% en el grupo enoxaparina. Se concluye que rivaroxabán resulta más eficaz para prevenir la trombosis venosa profunda en la cirugía de reemplazo de cadera con un nivel de seguridad similar a enoxaparina. **(20)**

El ensayo RECORD2 compara en cirugía de cadera el rivaroxabán durante 31 – 39 días con enoxaparina durante 10 – 14 días demostrándose una eficacia superior para rivaroxabán con un índice de 0,6% de tromboembolismo venoso en el grupo de rivaroxabán frente a un 5,1% en el grupo de enoxaparina, con un similar índice de hemorragias en ambos grupos (0,1%). **(35)**

En el ensayo RECORD3 realizado para la cirugía de prótesis de rodilla se incluyeron 2531 pacientes en las mismas condiciones que el ensayo anterior pertenecientes a 147 centros de 19 países y con un seguimiento de unas 2 semanas. Se valoró la aparición de trombosis venosa profunda, embolismo pulmonar o muerte por cualquier causa así como la aparición de hemorragias mayores. La trombosis venosa profunda apareció en un 1,0% del grupo rivaroxabán frente al 2,6% del grupo enoxaparina. No hubo muertes ni embolismos pulmonares en el grupo rivaroxabán frente a dos muertes inexplicadas y 4 episodios de embolismo pulmonar en el grupo de enoxaparina. Las hemorragias mayores ocurrieron en un 0,6% en el grupo de rivaroxabán y en el 0,5% en el grupo de enoxaparina y ninguna tuvo consecuencias fatales. La conclusión es que rivaroxabán se mostró superior a enoxaparina en la prevención del tromboembolismo después de la cirugía de prótesis de rodilla, con similares niveles de eventos hemorrágicos. **(37)**

En el ensayo RECORD4 se compara en cirugía de prótesis de rodilla el rivaroxabán 10 mg oral con la pauta americana de profilaxis con enoxaparina (30 mg cada 12 horas), durante 2 semanas. La eficacia fue también superior en el grupo de rivaroxabán para todo evento tromboembólico (6,9%) frente a enoxaparina (10,1%) y con similares eventos hemorrágicos. **(60)**

El estudio ROCKET AF (Rivaroxabán once daily oral direct factor Xa inhibition compared with vitamin K antagonism for de prevention of stroke and embolism trial in atrial fibrilation) corresponde a un ensayo clínico multicéntrico y de doble ciego, realizado en 45 países y en el que participaron 14264 pacientes con fibrilación auricular y al menos un factor de riesgo asociado para ictus (ictus previo, insuficiencia cardiaca, diabetes, hipertensión o edad superior a 75 años). Se establecieron dos grupos: uno que tomo rivaroxabán a dosis de 20 mg una vez al día o 15 mg si el aclaramiento de creatinina era de 30 – 49 ml/minuto. El otro grupo tomó warfarina a dosis para mantener un INR ajustado entre 2.0 – 3.0. La media de seguimiento de los pacientes fue de dos años. La pretensión del estudio era demostrar que rivaroxabán no es inferior a warfarina en la prevención de tromboembolismo en los pacientes con fibrilación auricular y evaluar la seguridad de su uso. Ictus o embolismo sistémico aparecieron en 188 pacientes (1,7% por año) en el grupo de rivaroxabán y en 241 (2,2% por año) en el grupo de warfarina. Las hemorragias mayores y menores aparecieron en 1475 pacientes (14,9% por año) en el grupo rivaroxabán y en 1449 (14,5% por año) en el grupo warfarina y de estas con un menor porcentaje de hemorragia intracraneal en el grupo de rivaroxabán (0,5% frente a 0,7%) así como menor porcentaje de hemorragia fatal (0,2% versus 0,5%). Con respecto al infarto de miocardio ocurrió en 126 pacientes en el grupo rivaroxabán (0,9%) frente a 126 pacientes (1,1%) en el grupo warfarina. Hubo 208 muertes en el grupo rivaroxabán (1,9%) y 250 en el grupo warfarina (2,2%). Los investigadores concluyeron que la eficacia de rivaroxabán es similar a la warfarina, sin diferencia en los eventos hemorrágicos aunque con menor índice de hemorragia intracraneal y fatal. **(47)**

El estudio EINSTEIN y el EINSTEIN EXTENDIDO son dos estudios abiertos que se realizan en paralelo por los mismos investigadores y cuyo fin es establecer la eficacia del rivaroxabán en el tratamiento agudo y extendido de la trombosis venosa profunda. En el estudio EINSTEIN se compara 15 mg de rivaroxabán cada 12 horas durante tres semanas seguido de 20 mg de rivaroxabán una vez al día durante tres, seis o doce meses, con enoxaparina subcutánea seguida de warfarina a partir de las 48 horas de haber iniciado el tratamiento con la heparina de bajo peso molecular. En el EINSTEIN EXTENDIDO se compara 20 mg de rivaroxabán una vez al día con placebo, durante 6 – 12 meses y tras haber sido tratado durante 6 – 12 meses previos por un tromboembolismo venoso.

En el estudio EINSTEIN se incluyeron 3449 pacientes, 1731 en el grupo rivaroxabán y 1718 en el enoxaparina mas antivitamina K. En el grupo rivaroxabán aparecieron 36 eventos tromboembólicos (2,1%) frente a 51 (3%) en el grupo enoxaparina mas antivitamina K. Las hemorragias fueron similares con 139 y 138 casos respectivamente (8,1%). La muerte por cualquier causa se dio en 38 pacientes en el grupo de rivaroxabán (2,2%) y 49 (2,9%) en el otro grupo. El resto de efectos adversos tuvo una incidencia similar. Se concluye que rivaroxabán es tan efectivo como el tratamiento estándar en la trombosis venosa profunda.

En el estudio EINSTEIN EXTENDIDO se compara 20 mg de rivaroxabán (602 pacientes) con placebo (594 pacientes) en pacientes que ya han sido tratados durante 6 – 12 meses por trombosis venosa profunda y se hace durante un seguimiento de 6 – 12 meses más: los resultados fueron muy superiores en eficacia para el rivaroxabán con aparición de 8 eventos tromboembólicos (1,3%) en el grupo rivaroxabán frente a 42 eventos (7,1%) en el grupo placebo. Hubo cuatro hemorragias no fatales en el grupo rivaroxabán frente a ninguna en el grupo placebo.**(58)**

El estudio EINSTEIN – PE compara la eficacia de rivaroxabán con el tratamiento estándar de enoxaprina más antivitamina K en el embolismo pulmonar agudo. Se incluyeron 4832 pacientes con embolismo pulmonar agudo asociado o no a trombosis venosa profunda y se comparan dos pautas de tratamiento: por un lado 15 mg de rivaroxabán cada 12 horas 3 semanas seguido de 20 mg una vez al día durante 3, 6, 12 meses y por otro el tratamiento estándar con enoxaparina en los primeros días y después antivitamina K en el mismo periodo de seguimiento. La eficacia se valoró por los episodios tromboembólicos recurrentes y la seguridad por la aparición de hemorragias mayores (descenso de hemoglobina de dos puntos o más o necesidad de transfundir dos o más concentrados de hematíes). En el grupo rivaroxabán se produjeron 50 eventos tromboembólicos (2,1%) frente a 44 en el grupo de tratamiento estándar (1,8%). Las hemorragias de cualquier tipo ocurrieron en 10,3% en el grupo de rivaroxabán y 11,4% en el tratamiento estándar. Las hemorragias mayores en 26 pacientes (1,1%) en el grupo rivaroxabán y en 52 (2,2%) en el grupo de tratamiento estándar. La muerte por cualquier causa fue similar en ambos grupos. Se concluye que la eficacia de rivaroxabán no es inferior al tratamiento estándar del tromboembolismo pulmonar con ligera ventaja en cuanto al riesgo hemorrágico severo. **(59)**

Se ha evaluado también la utilidad de rivaroxabán en el síndrome coronario agudo en el ensayo clínico ATLAS ACS2 – TIMI 51 (anti – Xa therapy to lower cardiovascular events in adition to estándar therapy in subjects with acute coronary sindrom – thrombolysis in miocardial infartion), que se realizó en diversos países, doble ciego y con un total de 15526 pacientes con un síndrome coronario agudo reciente en los que se comparo 2,5 mg o 5 mg de rivaroxabán con placebo y asociado a la terapia estándar del síndrome coronario que necesitara el paciente (antiagregación, trombolisis, angioplastia). El seguimiento fue de 13 – 31 meses y la eficacia se midió en términos de muerte de origen cardiovascular, ictus o infarto de miocardio. En este sentido ambas dosis de rivaroxabán fueron favorables con menos eventos (9,1% en el grupo de 2,5 mg, 8,8% en el grupo de 5 mg y 10,7% en el placebo). Sin embargo el grupo de rivaroxabán en su conjunto tuvo un mayor índice de hemorragias mayores (2,1% frente a 0,6%) y también fueron superiores las hemorragias intracraneales (0,6% en grupo rivaroxabán frente a 0,2% en placebo). Por todo ellos se podría concluir que si bien rivaroxabán se muestra eficaz en la prevención secundaria del síndrome coronario agudo, hay que tener precaución en su indicación y quizás seleccionar bien los enfermos en cuanto al riesgo hemorrágico, por lo que sería conveniente más estudios de eficacia – seguridad en esta indicación.**(42,50)**

Utilidad clínica del apixabán

Aunque solo está aprobado su uso en la tromboprofilaxis de la cirugía de reemplazo de cadera y rodilla y próximamente en la fibrilación auricular, son ya diversos los ensayos clínicos concluidos para valorar su eficacia en distintas situaciones clínicas. **(7,9,14,16,19)**

El programa ADVANCE (apixabán dosed orally versus anticoagulation with inyectable enoxaparin to prevent venous thromboembolism) valora su eficacia y seguridad en la cirugía de prótesis de cadera y rodilla. El ensayo clínico ADVANCE – 3 es un estudio multicéntrico (Europa, América y Asia), doble ciego, de 5047 pacientes en cirugía de prótesis de cadera y donde se compara 2,5 mg cada 12 horas de apixabán (1949 pacientes) con 40 mg una vez al día de enoxaparina (1917 pacientes), durante 35 días tras la cirugía. La eficacia se valora según la aparición de trombosis venosa profunda, embolismo pulmonar no fatal o muerte por cualquier causa. El numero de fenómenos tromboembólicos o muerte fue de 27 pacientes (1,4%) en el grupo apixabán y 74 (3,5%) en el grupo enoxaparina. El numero de hemorragias fue similar en ambos grupos (129 frente a 134 pacientes respectivamente). La conclusión es que apixabán se muestra más eficaz y con el mismo riesgo hemorrágico que enoxaparina. **(53)**. El ensayo ADVANCE – 2 compara la misma dosis de apixabán con 40 mg de enoxaparina en la cirugía de prótesis de rodilla, en un estudio también multicéntrico y doble ciego de 3057 pacientes y con una duración de 10 – 14 días. El número de eventos tromboembólicos o muerte ocurrió en 147 (15%) del grupo apixabán y en 343 (24%) del grupo enoxaparina. El índice de hemorragias también fue similar (4% versus 5%). Nuevamente apixabán demuestra ser más eficaz e igual de seguro.**(54)**. Por último el ensayo ADVANCE – 1 compara la misma dosis de apixabán con la pauta americana de profilaxis con enoxaparina (30 mg cada 12 horas) en la cirugía de prótesis de rodilla. En esta ocasión apixabán fue algo menos eficaz (9% de eventos frente a 8,5% de enoxaparina) aunque demostró menor índice de hemorragias (2,9% frente a 4,3%).**(38)**

El ensayo ARISTÓTELES compara apixabán con warfarina en pacientes con fibrilación auricular más un factor de riesgo para ictus (ictus previo, ictus transitorio, edad mayor de 75 años, diabetes, hipertensión, embolismo periférico e insuficiencia cardiaca). Es un ensayo multicéntrico y doble ciego con 18201 pacientes incluidos y donde se comparan 5 mg dos veces al día de apixabán con warfarina a dosis para obtener un INR entre 2 – 3. Se valora la aparición de ictus o embolismo sistémico, la muerte por cualquier causa y las hemorragias mayores. El seguimiento medio fue de 1,8 años. En el grupo de apixabán la tasa de ictus o embolismo se dio en 212 pacientes (1,27% y año) frente a 265 pacientes (1,60% y año) en el grupo warfarina. La muerte por cualquier causa fue similar en ambos grupos: 603 (3,52%) frente a 669 (3,94%) respectivamente. Con respecto a las hemorragias mayores fueron 327 en el grupo apixabán (2,13% y año) con 52 intracraneales y 462 (3,09% y año) en el grupo warfarina con 122 intracraneales. La conclusión es que apixabán se muestra superior a warfarina en la prevención de ictus o embolismo sistémico con menor índice hemorrágico y de mortalidad. **(31).**

En el estudio AVERROES un total de 5598 pacientes considerados por los investigadores como intolerantes a los antagonistas de vitamina K, fueron aleatorizados al tratamiento con 5 mg de apixabán dos veces al día o a ácido acetil salicílico. El ácido acetil salicílico fue administrado en una dosis diaria de 81 mg - 324 mg a criterio del investigador. Los pacientes recibieron el fármaco de estudio durante una media de 14 meses. En el ensayo AVERROES las razones más comunes de intolerancia a la terapia con antivitamina K incluían incapacidad / imposibilidad para conseguir valores INR dentro del intervalo requerido, pacientes que rechazaron el tratamiento, pacientes en los que no se podía asegurar la adherencia a las instrucciones del tratamiento con antivitamina K y dificultad real o potencial para contactar al paciente en caso de un cambio urgente de la dosis.

El ensayo AVERROES fue interrumpido prematuramente basándose en una recomendación del comité independiente de monitorización de datos debido a la clara evidencia de reducción del ictus y embolia sistémica con un perfil de seguridad aceptable para el grupo apixabán.

La tasa de ictus o embolia sistémica fue de 51 (1,62% y año) para apixabán y de 113 (3,63% y año) para ácido acetil salicílico. No hubo diferencias significativas en la tasa de hemorragias mayores aunque fueron de frecuencia algo mayor en el grupo apixabán (1,4% frente al 0,9%). **(16)**

Con respecto a los ensayos clínicos de apixabán en la trombosis venosa profunda y embolismo pulmonar aún no se han publicado los resultados de un ensayo clínico que se está realizando y que compara apixabán con warfarina tras enoxaparina en el tratamiento de la trombosis venosa profunda y embolismo pulmonar y que es conocido como ensayo AMPLIFAY.**(19).** Previamente se ha publicado el estudio BOTICCELLI con 520 pacientes consecutivos con trombosis venosa profunda donde se comparan tres dosis de apixabán (5mg cada 12 horas, 10 mg cada 12 horas y 20 mg una vez al día) con enoxaparina seguida de antivitamina K durante 6 meses. Se evalúa la aparición de tromboembolismo recurrente y los fenómenos hemorrágicos. Los fenómenos tromboembólicos sucedieron en un 4,7% en el grupo apixabán y en 4,2% del grupo warfarina mas antivitamina K. No se observó una diferencia en la incidencia con ninguna de las tres dosis de apixabán. La incidencia de hemorragias fue similar en ambos grupos (7,3 y 7,9% respectivamente). La conclusión de los autores es que se necesita evaluar esta indicación en un estudio de fase III multicéntrico y con mayor número de pacientes.**(14).**

En el estudio AMPLIFY – EXT se comparan dos dosis de apixabán (2,5 y 5 mg cada 12 horas) con placebo y durante 12 meses, en pacientes que ya han completado entre 6 – 12 meses de tratamiento por un episodio tromboembólico previo y se valora el índice de recurrencia de tromboembolismo venoso o de muerte relacionada. En el grupo de 2,5 mg de apixabán se produjeron 14 eventos de 840 pacientes (1,7%) en el de 5 mg 14 de 813 (1,7%), mientras que en el grupo placebo la incidencia fue de 73 de 829 (8,8%). El riesgo hemorrágico fue similar en todos los grupos. Se concluye que apixabán reduce significativamente el riesgo de tromboembolismo recurrente en relación con placebo.**(7)**

No se han obtenido buenos resultados con apixabán en dos ensayos clínicos: uno en el síndrome coronario y otro en pacientes con enfermedades médicas hospitalizados. En el primero se evaluó la eficacia de apixabán 5 mg cada 12 horas asociado al tratamiento antiagregante habitual en el síndrome coronario frente a placebo y tratamiento antiagregante. El número de eventos (infarto, ictus o muerte) fue similar (7,5% en el grupo de apixabán con antiagregantes frente a 7,9% en el grupo de placebo con antiagregantes). El índice de hemorragias fue superior en el grupo apixabán (1,3%) frente a 0,5% en el grupo placebo. Además en el grupo apixabán hubo 5 hemorragias mortales frente a 0 en el grupo placebo y 12 hemorragias intracraneales frente a 3 en el grupo placebo. **(9).** En los pacientes hospitalizados con enfermedades médicas se evaluó su capacidad de tromboprofilaxis frente a enoxaparina. Así se comparó 2,5 mg cada 12 horas durante 30 días con 40 mg de enoxaparina cada 24 horas durante 2 semanas y se evaluó la aparición de trombosis venosa profunda o embolismo pulmonar. No se demostró diferencias en eficacia 2,71% en el grupo de apixabán de eventos trombóticos frente a 3% en grupo de enoxaparina, con mayor riesgo hemorrágico en el grupo de apixabán (0,47% frente a 0,19%).**(30)**

ANTICOAGULANTES ORALES EN DESARROLLO

En la actualidad siguen investigándose nuevos anticoagulantes orales con acción a nivel de la trombina y del factor Xa. Entre los nuevos inhibidores del factor Xa está en investigación el Betixabán (actualmente en ensayos clínicos en fase II), el TAK – 422 (fase II) y el edoxabán (ensayos clínicos en fase III). De los nuevos inhibidores de la trombina se están realizando ensayos en fase II con el AZD0837. **(56)**

DISCUSIÓN:

. En los últimos años la industria farmacéutica ha realizado un considerable esfuerzo económico y científico en busca de nuevos anticoagulantes orales que pueden sustituir a los antivitamina K y que se acerquen en sus propiedades al anticoagulante ideal.(57).

Los fármacos antivitaminas K llevamos año utilizándolos con efectividad en distintas indicacines clínicas, su coste económico es bajo y disponemi de antídotos eficaces cuando surge una complicación hemorrágica

Los nuevos anticoagulantes orales reunen más características del fármaco ideal: dosis fijas, inicio y cese de acción rápidos, ventana terapéutica más amplia. En su contra tenemos que no se dispone de un antídoto eficaz (aunque se está investigando insistentemente en ello y existen propuestas terapéuticas para las situaciones urgentes) y su alto coste económico en comparación con los antivitamina K. Así se estima que el coste mensual del tratamiento con sintrom (control incluido) es de

23,6 E frente a 80 E en el caso de Dabigatrán. Anualmente el tratamiento con acenocumarol supondría unos 300 – 500 euros frente 1880 – 2000 euros para Dabigatrán. No obstante esta valoración económica es simplista y no tiene en cuenta los eventos tromboembólicos y su coste, que supuestamente se evitarían si optamos por uno de los nuevos anticoagulantes ni tampoco los costes de distintos efectos adversos que habría que tratar como por ejemplo la alta frecuencia de dispepsia en el uso de dabigatrán. Una revisión de distintas publicaciones que valoran coste-efectividad del dabigatrán viene a concluir que en la mayoría de los casos es un fármaco coste efectivo en comparación con warfarina y más si se compara con pacientes con INR inestable que requieren más controles (33)

Los resultados de los distintos ensayos clínicos revisados ponen de manifiesto que en general los nuevos anticoagulantes no son inferiores a la warfarina, a excepción del síndrome coronario y de las prótesis valvulares mecánicas donde están contraindicados. Han mostrado una menor tendencia a la hemorragia en general y sobretodo a la intracraneal.

Parece no haber duda en su indicación en la prevención de los fenómenos tromboembólicos en las cirugías de prótesis de cadera y rodilla, donde se han mostrado tan eficaces y tan seguros como la enoxaparina, lo cual supone un aavance terapéutico por la posibilidad de sustituir la administarcion parenteral de la heparina de bajo peso molecular por una dosis fija del anticoagulante oral, admas como el tratamiento es a corto plazo no es presible encontrar nuevas reacciones adversas de las ya descritas en los ensayos clínicos. Su utilidad también ha quedado demostrada en el tratamiento a corto plazo de la trombosis venosa profunda y embolismo pulmonar con eficacia similar o ligeramente superior a warfarina y con los mismos niveles de seguridad.

El autentico campo de batalla de la industria farmacéutica está en la anticoagulación de por vida que se prescribe a los enfermos con fibrilación auricular crónica (cerca de 500.000 en nuestro país), donde se plantea la interrogante de si los nuevos anticoagulantes podrán sustituir definitivamente a los antivitamina K y la respuesta que de momento se puede proponer es la de la prudencia, por las siguientes razones:

- No conocemos sus efectos a largo plazo, debemos recordar que ya un fármaco antitrombina (Ximelagatrán tuvo que ser retirado por hepatotoxicidad)

- Los ensayos clínicos han sido patrocinados por los laboratorios fabricantes y han demostrado que los nuevos anticoagulantes orales no son inferiores a la warfarina (pero no netamente superiores en general) aunque si con menor tendencia hemorrágica.

- Los ensayos clínicos solo se han hecho comparativos con warfarina y no con acenocumarol que es el más utilizado en nuestro medio.

- El hecho de no necesitar monitorización puede no favorecer el cumplimiento terapéutico.

- No pueden ser utilizado en pacientes con prótesis valvulares.

- No hay antídoto específico en caso de hemorragia y esto puede ser fatal en caso de hemorragias mayores e intracraneales

- Elevado coste económico a priori en comparación con los anticoagulantes clásicos, aunque se precisan mas estudios coste eficacia

- No hay ensayos comparando los nuevos anticoagulantes orales entre sí. **(57)**

Además, la postura de la agencia española del medicamento con respecto a los anticoagulantes orales en la fibrilación auricular y que coincide con la postura de los servicios públicos de salud de muchas comunidades autónomas, donde además es necesario un visado de autorización, es la siguiente:

- Continuar con fármacos antivitamina K en los siguientes casos: pacientes que ya lo tomaban y que presentan un buen control del INR, nuevos pacientes en los que se indique la anticoagulación y que no presenten contraindicación para los cumarínicos, en todos los casos de fibrilación auricular con afectación valvular.

- Los nuevos anticoagulantes estarían indicados: en caso de hipersensibilidad a acenocumarol o warfarina, cuando hay antecedentes de hemorragia intracraneal o ictus con alto riesgo hemorrágico, cuando hay episodios tromboembólicos en pacientes que toman antivitamina K con buen INR o que tienen hemorragias a pesar de un buen control, en pacientes en los que no es posible obtener un buen control de INR, entendiendo por tal que estén dentro del rango un 65 % del tiempo y por último cuando el acceso al control por INR es imposible. **(5)**

CONCLUSION:

-Los nuevos anticoagulantes orales suponen un avance terapéutico con buenas expectativas clínicas dado la ventaja de su fácil dosificación y la no necesidad de control analítico.

-Su indicación es clara en la profilaxis del tromboembolismo en la cirugía de prótesis de cadera y rodilla así como en el tratamiento a corto plazo del tromboembolismo venoso.

-Su utilización a largo plazo, en patologías tromboembolígenas como la fibrilación auricular debe, de momento, ser realizada de forma restringida, cuando no se puedan utilizar los fármacos antivitamina K y con seguimiento estrecho de los pacientes

-Están contraindicados en las prótesis valvulares mecánicas.

-Su eficacia no esta demostrada en el síndrome coronario ni evaluada en los cuadros clínicos de hipercoagulabilidad

-De momento coexistirán en el arsenal terapéutico con los fármacos antivitaminas K

-Quedamos pendientes de los resultados de los ensayos clínicos en curso de las nuevas moléculas antifactor Xa y IIa

BIBLIOGRAFIA

(1) Agencia Española de Medicamentos y Productos Sanitarios. Guía Terapéutica de la AEPMS. Disponible en:

http://www.imedicinas.com/GPTage/.

(2) Agencia Española de Medicamentos y Productos Sanitarios. Ficha técnica de Dabigatran. Disponible en:
http://aemps.gob.es/cima/FichasTecnicas.do?metodo=detalleForm.

(3) Agencia Española de Medicamentos y Productos Sanitarios. Notas informativas. Disponible en:
http://www.aemps.gob.es/informa/notasInformativas/medicamentosUsoHumano/seguridad/2012/NI-MUH_FV_17-2012-dabigatran.htm.

(4) Agencia Española de Medicamentos y Productos Sanitarios. Fichas técnicas de rivaroxaban y apixaban. Disponible en:
http://aemps.gob.es/cima/FichasTecnicas.do?metodo=detalleForm.

(5) Agencia Española de Medicamentos y Productos Sanitarios. Informe de posicionamiento terapéutico. Criterios y recomendaciones generales para el uso de los nuevos anticoagulantes orales en la prevención del ictus y la embolia sistémica en pacientes con fibrilación auricular no valvular. Disponible en:
http://www.aemps.gob.es/medicamentosUsoHumano/informesPublicos/docs/criterios-anticoagulantes-orales_UT_V2_18122012.pdf.

(6) Agencia Española de Medicamentos y Productos Sanitarios. Fichas técnicas de Sintrom y Aldocumar. Disponible en:
http://aemps.gob.es/cima/FichasTecnicas.do?metodo=detalleForm.

(7) Agnelli G, Buller HR, Cohen A, Curto M, Gallus AS, Johnson M, et al. Apixaban for Extended Treatment of Venous Thromboembolism. N Engl J Med 2013;368:699-708.

(8) Aguilera Vaquero R. Control de la anticoagulación oral en atención primaria. Medicina General 2002;47:700-710.

(9) Alexander JH, Lopes RD, James S, Kilaru R, He Y, Mohan P, et al. Apixaban with Antiplatelet Therapy after Acute Coronary Syndrome. N Engl J Med 2011;365(8):699-708.

(10) Alonso Roca R. Taller de anticoagulación en atención primaria. XXVII congreso de la Sociedad Española de Medicina Familiar y comunitaria2007. Disponib,e en:
http://congreso2007.semfyc.gatewaysc.com/archivos/File/VALLADOLID_2007/TCI_3_-_Taller_Interactivo_Anticoagulaci_n.pdf

(11) Arribas M, Rodríguez T, Bravo P, García C, Revelles F. Anticoagulación en un centro de salud urbano. Resultados del primer año. Aten Prim 2002;29(6):338-342.

(12) Awad A, Walcott BP, Stapleton CJ, Yanamadala V, Nahed BV, Coumann J. Dabigatran, intracraneal hemorrhage, and de neurosurgeon. Neurosurg focus 2013;34(5):1-6.

(13) Bassand J. Review of atrial fibrillation outcome trials of oral anticoagulant and antiplatelet agents. Europace 2012;14:314-324.

(14) Buller H, Deitchman D, Prins M, Segers, A. Botticelli Investigators, Writing Committe. Efficacy and safety of the oral direct factor Xa inhibitor apixaban for symptomatic deep vein thrombosis. The Botticelli DVT dose-ranging study. J Thromb Haemost 2008;6(8):1313-1318.

(15) Connolly Stuart J, Ezekowitz Michael D, Phil D, Yusuf S, Eikelboom J, Oldgren, Jonas., et al. Members of the Randomized Evaluation of long.Term Anticoagulation Therapy. Dabigatran versus warfarin in patiens with atrial fibrillation. N Engl J Med 2009;361:1139-1151.

(16) Connolly S, Eikelboom J, Joyner C, Diener H, Hart R, , Golitsyn, S., et al. Apixaban in patients with atrial fibrillation. . N Eng J Med 2011;364:806-817.

(17) Del Toro J. Dabigatran. Aspectos clínicos. 53 Congreso Nacional de la Sociedad Española de Farmacia Hospitalaria. 2008. Disponible en: http://www.sefh.es/53congreso/documentos/ponencias/ponencia744.pdf.

(18) Duran Parrondo C, Rodriguez Moreno C, Tato Herrero F, Alonso Vence N, Lado lado F. Anticoagulación oral. An Med Interna (Madrid) ;20(7):377-384.

(19) Efficacy and Safety Study of Apixaban for the Treatment of Deep Vein Thrombosis or Pulmonary Embolism. Disponible en: http://clinicaltrials.gov/ct2/show/NCT00643201?term=apixaban&rank=7.

(20) Eriksson Benggt I, Borris Lars C, Friedman Richard J, Haas S, Huisman Menno V, Kakkar Ajay, K., et al. Rivaroxaban versus enoxaparina for thromboprophylaxis after hip arthroplasty. N Engl J Med 2008;350:2765-2775.

(21) Eriksson, B I., Dahl O, E., Rosancher, Nadia., Kurth Andreas A, Van Dijk CN., Forostick Simon, P., et al for the renovate study group. Dabigatran etexilate versus cxoxaparin for prevention of venous thromboembolism after total hip replacement: a randomised, double-blind, non inferiority trial. Lancet 2007;370:949-956.

(22) Eriksson B, Dahl O, Rosencher N, Kurth A, van Dijk C, Frostick S, et al. Oral dabigatran etexilate vs. subcutaneous enoxaparin for the prevention of venous thromboembolism after total knee remplacement: the RE-MODEL randomized trial. J Thromb Haemost 2007;5:2178-2185.

(23) Federación Española de Asociciones de Anticoagulados. Disponible en: http://www.anticoagulados.info/index.php?r=site/page&id=908&idm=89.

(24) Fernández Capitán M. Epidemiologia de las enfermedades tromboembólicas: Fibrilación auricular, Enfermedad tromboembólica venosa y Síndrome coronario agudo. Med Clinc (Barc) 2012;139(Supl):4-9.

(25) Food and Drug Administration. Drug Safety. Disponible en: http://www.fda.gov/Drugs/DrugSafety/ucm332912.htm.

(26) Formación médica continuada en atención primaria. Origen de los anticoagulantes orales. Form Med Contin Aten Prim 2004;11:7-8.

(27) Furie KL, Goldstein LB, Albers GW, Khatri P, Neyens R, Mintu P. Oral Antithrombotic Agents for the Prevention of Stroke in Nonvalvular Atrial Fibrillation : A Science Advisory for Healthcare Professionals From the American Heart Assocciation/American Stroke Asocciation. Disponible en: http://stroke.ahajournals.org/content/early/2012/08/02/STR.0b013e318266722a.citation.

(28) Garber ST, Sivakumar W, Schmidt RH. Neurosurgical complications of direct thrombin inhibitors-catastrophic hemorrage after mild traumatic brain injury in a patient receiving dabigatran. J Neurosurg 2012;116:1093-1096.

(29) Ginsberg J, Comp P, Francis C, Friedman R, Huo, MH., et al. RE-MOBILIZE Writting Committee. Oral Thrombin inhibitor dabigatran etexilate vs North American enoxaparin regimen for prevention of venous thromboembolism after knee arthroplasty surgery. The Journal of Arthroplasty 2009;24(1):1-9.

(30) Goldhaber SZ, Leizorovicz A, Kakkar AK, Haas SK, Merli G, Knabb RM, et al. Apixaban versus Enoxaparin for Thromboprophylaxis in Medically Ill Patients. N Engl J Med 2011;365(23):2167-2177.

(31) Granger CB, Alexander JH, MH S, McMurray JJ, lopes, Renato D., et al for the ARISTOTLE comitte and investigators. Apixaban versus warfarin in patiens with atrial fibrillattion. N Engl J Med 2011;365:981-992.

(32) Guijarro Merino R, Villalobos Sánchez A. Profilaxis de la enfermedad tromboembólica en cirugía ortopédica mayor. Papel de los nuevos anticoagulantes. Med Clinc (Barc) 2012;139(supl 2):13-18.

(33) Hesselbjerg L, Pedersen H, Asmussen MB., Petersen KD. Is dabigatran considered a cost-effective alternative to warfarin tratment: A review of current economic evaluation worldwide. J Med Econ 2013;4:1-33.

(34) Hohnloser S, Oldgren J, Yang S, Wallentin L, Ezekowitz M, Relilly P, et al. Myocardial ischemic events in patients with atrial fibrillation treated with dabigatran or warfarin in the RE-LY trial. Circulation 2012;125:669-676.

(35) Kakkar Ajay K, Brenner B, Dahl Ola E, Eriksson Bengt I, Mouret P, Muntz J, et al. Extended duration rivaroxaban versus short-term enoxaparin for the prevention of venous thromboembolism after total hip arthroplasty: a double-blind, randomized controlled trial. Lancet 2008;372(9632):31-39.

(36) Keisu M, Anderson T. Drug-induced liver injury in humans: the case of ximelagatran. Handb Exp Pharmacol 2010;196:407-418.

(37) Lassen Michael R, Ageno W, Borris Lars C, Lieberman Jay R, Rosencher N, Bandel Tierno, J., et al, for the RECORD3 investigators. Rivaroxaban versus enoxaparin for thromboprophylasis after total knee arthroplasty. N Engl J Med 2008;358:2776-2786.

(38) Lassen Michael R, Raskob GE, Gallus A, Pineo G, Chen D, Portman RJ. Apixaban or enoxaparin for thromboprophylasis after knee replacement. N Eng J Med 2009;361:594-604.

(39) López J, Valpuesta MP, Sánchez-Lanuza M, Martínez M. Anticoagulación oral. Coordinación en el control y seguimiento del paciente. Consejería de Salud de la Junta de Andalucía. Servicio Andaluz de Salud. 2005. Disponible en: http://www.juntadeandalucia.es/servicioandaluzdesalud/library/plantillas/externa.asp?=. ./../publicaciones/datos/220/pdf/libroanticoagulacion.pdf.

(40) Martin Velasco AI, Carón Lucena E. Hemostasia. Bases de la fisiología. 2ª ed.: Tebar; 2007. p. 136-143.

(41) Martínez Brotoms F. Control del tratamiento anticoagulante. ¿En atención primaria o en servicios de hematología?. Form Med Conti Aten Prim 2003;10:293-294.

(42) Mega JL, Braunwald E, Wlviott S, Bassand J, Bahtt Dl, Bode, Christoph., et al for the Atlas ACS2-TIMI 51 investigators. Rivaroxaban in patients with a recent acute coronary sindrome. N Engl J Med 2012;366:9-19.

(43) Mendez Alonso E, Rubio Arias S, Calvin M. Visión Moderna de la hemostasia. Taller de laboratorio clínico nº 2. Curso de formación continuada a distancia 2011-12. Disponible en: http://aebm.org/formacion%20distancia/distancia%202011-2012/Taller/MONOGRAFIAS%202011/2.-%20HEMOSTASIA.pdf.

(44) Menéndez-Jándula B, Souto J, Oliver A, Monserrat I, Gich I. El automanejo domiciliario de la anticoagulación oral crónica con coagulómetros portátiles como alternativa al control especializado hospitalario. Ann Intern Med ;142:1-10.

(45) Ordovas Baines J, Climent Grana E, Jover Botella A, Valero García I. Farmacocinética y farmacodinámica de los nuevos anticoagulantes orales. Farm Hosp 2009;33(03):125-133.

(46) Paramo J, Panizo E, Pegenaute C, Lecumberri R. Coagulación 2009: una visión moderna de la hemostasia. Rev Med Univ Navarra 2009;53(1):19-23.

(47) Patel Manes R, Mahaffey Kenneth W, Garg J, Pan G, SD, E., Hacke W, et al. Rivaroxaban versus warfarin in non valvular atrial fibrillation. N Engl J Med 2011;365:883-891.

(48) Pisters R, Lane DA, Nieuwlaat R, de Vos CB, Crijns HJ, Lip GY. A Novel User-Friendly Score (HAS-BLED)To Assess 1-Year Risk of Major Bleeding in Patients With Atrial Fibrillation. Chest 2010;130(5):1093-1100.

(49) Reverter Calatayud J, Ordinas Bauzá A, Vicente García V, Battle Foncodona., Rocha Hernando E. Enfermedades de la hemostasia. Medicina Interna. Farreras-Rozman Vol. II: Elsevier; 2008. p. 1787-1814.

(50) Roe MT, Ohman M. A new era in secondary prevention after acute coronary syndrome. N Engl J Med 2012;366:85-87.

(51) Roldan Schilling V, Vicente García V. Características farmacodinámicas y farmaco cinéticas. Mecanismo de acción de los nuevos anticoagulantes orales. Med Clinc (Barc) 2012;139(supl 2):10-12.

(52) Roncales F. Tratamiento anticoagulante oral: ¿ warfarina o acenocumarol?. Med Clinc (Barc) 2008;131(3):98-100.

(53) Rud Lassen M, Gallus A, Raskob GE, Pineo G, Chen D, Margarita Ramirez, Luz., for the Advance-3 investigators. Apixaban versus Enoxaparin for thromboprophylasis after hip replacement. N Engl J Med 2010;363:2487-2498.

(54) Rud Lassen M, Raskob GE, Gallus A, Pineo G, Chen D, Hornick. Philip., the ADVANCE-2 investigators. Apixaban versus enoxaparin for thromboprophylasis after knee replacement (ADVANCE-2): a randomised double-blind trial. Lancet 2010;375(9717):807-815.

(55) Schulman S, Kearon C, Kakkar Ajay K, Mismetti P, Schellong S, Eriksson H, et al. Dabigatran versus warfarin in the treatment of acute venous thromboembolism. N Engl J Med 2009;361(24):2342-2352.

(56) Sociedad Española de Hematología y Hemoterapia. Guía de nuevos anticoagulantes orales. Disponible en: http://www.sehh.es/documentos/varios/Actualizacion_Guia_Nuevos_Anticoag_Orales_05112012.pdf.

(57) Souto J, Ruyra X. Fibrilación auricular y nuevos anticoagulantes. Disponible en: http://www.monitormedical.es/files/files/20110621165838_728031.pdf.

(58) The Enstein investigators. Oral rivaroxaban for sintomatic venous thromboembolism. N Engl J Med 2010;363:2599-2510.

(59) The Enstein-PE investigators. Oral rivaroxaban for the tratmen of syntomatic pulmonary embolism. N Engl J Med 2012;366:1287-1297.

(60) Turpie Alexander G, Lassen Michael R, Davidson Bruce L, Bauer Kenneth A, Dsc Gent M, Kwong Louis, M., et al. Rivaroxaban versus enoxaparin for thromboprophylasis after total knee arthroplasty (RECORD4): a randomised trial. Lancet 2009;373(9676):1673-1680.

ANEXO I

FACTORES DE COAGULACION

(Adaptado de Quintero Parada et al. Hemostasia y tratamiento odontológico. Av. Odontoestomatol.2004)

Factor	Nombre	Forma activa	Características
I	Fibrinógeno	Fibrina	Síntesis hepática. Sensible a la Trombina
II	Protrombina	Trombina	Síntesis hepática. Vitamino K dependiente
III	Tromboplastina (Factor tisular)	Cofactor	
IV	Calcio		
V	Proacelerina	Cofactor	Síntesis hepática. Sensible a la Trombina
VII	Proconvertina	Serinproteasa	Síntesis hepática. Vitamino K dependiente
VIII/VIII:C	Factor antihemofílico/ Factor von Willebrand	Cofactor	Sensible a la Trombina
IX	Factor Christmas	Serinproteasa	Síntesis hepática. Vitamino K dependiente
X	Factor Stuart	Serinproteasa	Síntesis hepática. Vitamino K dependiente
XI		Serinproteasa	Factor de contacto
XII	Factor Hageman	Serinproteasa	Factor de contacto
XIII	Estabilizador de la Fibrina	Transglutaminasa	Sensible a la Trombina
Precalicreina	Factor Fletcher	Serinproteasa	Factor de contacto

ANEXO II

COAGULACIÓN: MODEOS CLASICO Y CELULAR

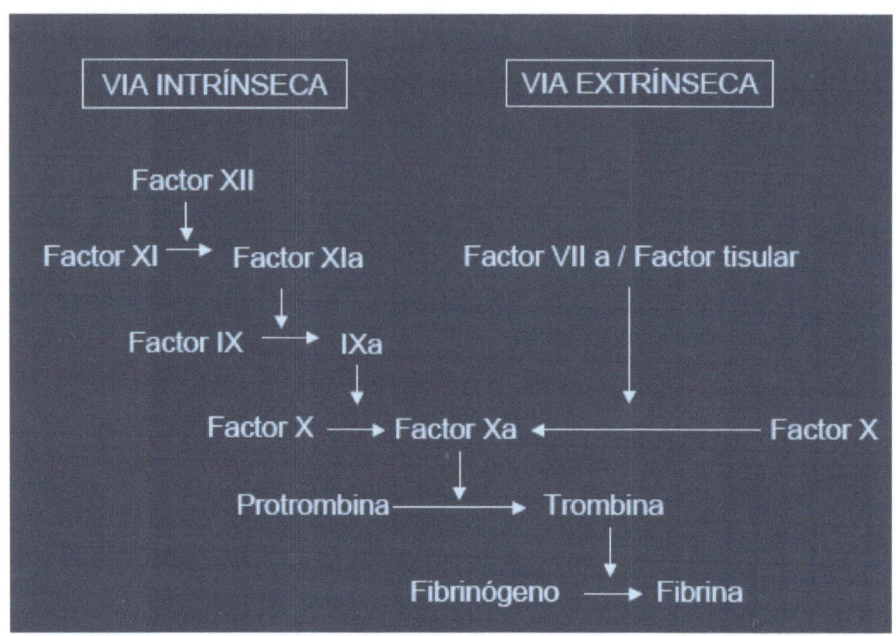

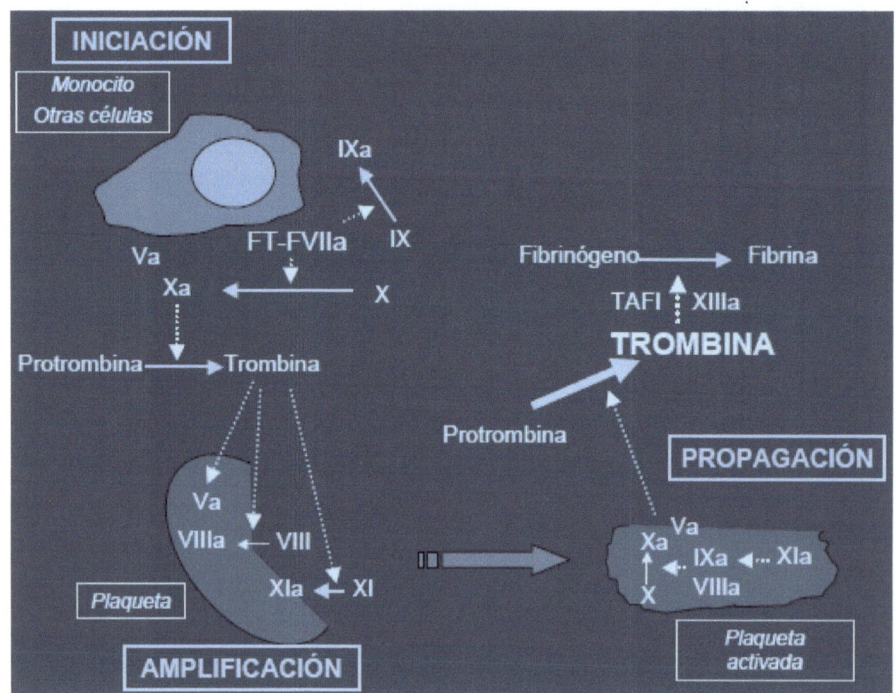

Tomado de JA Paramo. Coagulación 2009: una visión moderna de la hemostasia. Rev. Med. Univ. Navarra 2009

ANEXO III

LUGAR DE ACCION DE LOS ANTICOAGULANTES ORALES

(Adaptado de: Papel de los nuevos anticoagulantes en la fibrilación auricular. Boletín de información terapéutica de Navarra. 2011)

ETAPA	CASCADA DE COAGULACIÓN		FÁRMACOS Y NIVEL DE ACTUACIÓN
Iniciación	VIIa FT	XIIa, XIa, IXa VIIa Va	Warfarina, acenocumarol: II, VII, IX, X
Propagación	X	X	**Rivaroxabán**: Xa **Apixabán**: Xa
	Xa		
	Protrombina (II)		
Activación de trombina	Trombina (IIa)		**Dabigatrán**: IIa Ximelagatrán*: IIa
	Fibrinógeno (I) ⟶ Fibrinógeno (Ia)		

FT: Factor tisular. (I-XII): factores de coagulación. (Ia-XIIa): factores de coagulación activados.
*Suspensión de comercialización por toxicidad hepática

ANEXO IV

CARACTERISTICAS COMPARATIVAS DE LOS ACO

(Adaptado de JC Souto et al. Fibrilación auricular y nuevos ACO. Monitor Médical 2010)

	Warfarina	Acenocumarol	Dabigatrán	Rivaroxabán	Apixabán
Acción	Factores II VII,IX,X	Factores II, VII,IX,X	IIa (trombina)	Factor Xa	Factor Xa
Vida media	40 h	8-12 h	12-14 h	9-13 h	9-14h
Eliminación	Bilis y orina	Bilis y orina	80% renal, 20% fecal	66% renal, 34% fecal	25% renal, 75% fecal
Dosificación	Individual según INR	Individual según INR	Fija según indicación	Fija según indicación	Fija según indicación
Monitorización	INR	INR	No necesaria	No necesaria	No necesaria
Antídoto	Vit K	Vit K	No	No	No
Interacciones	Muy numerosas	Muy numerosas	Inh de bomba protones y de GP-P	Inh CYP3A4 y GP-P	Inh CYP3A4
Terapia Hemorragia grave	PFC, CCP y Factor VIIa recombinante	PFC, CCP o FVIIa r	Potencial: CCP, FVIIa y Dialisis (eficacia no demostrada)	Potencial: CCP, FVIIar (eficacia no demostrada)	Potencialmente: CCP,FVIIa r (eficacia no demostrada)

PFC (plasma fresco congelado), CCP (concentrado complejo protombínico), FVIIar (factor VII a recombinante)

ANEXO V

FORMAS DE PRESENTACIÓN DE ACENOCUMAROL Y WARFARINA

(Fuente: Fichas técnicas. Agencia Española de Medicamentos y Productos Sanitarios)

WARFARINA

1. NOMBRE DEL MEDICAMENTO

ALDOCUMAR 1 mg comprimidos

ALDOCUMAR 3 mg comprimidos

ALDOCUMAR 5 mg comprimidos

ALDOCUMAR 10 mg comprimidos

2. COMPOSICIÓN CUALITATIVA Y CUANTITATIVA

2.1 Descripción general

ALDOCUMAR son comprimidos para uso oral contenidos en un envase tipo blister.

2.2 Composición cualitativa y cuantitativa

ALDOCUMAR 1 mg: cada comprimido contiene warfarina sódica, 1 mg. Excipientes: lactosa monohidrato, colorante E-123 y otros, c.s.

ALDOCUMAR 3 mg: cada comprimido contiene warfarina sódica, 3 mg. Excipientes: lactosamonohidrato y otros, c.s.

ALDOCUMAR 5 mg: cada comprimido contiene warfarina sódica, 5 mg Excipientes: lactosa monohidrato y otros, c.s.

ALDOCUMAR 10 mg: cada comprimido contiene warfarina sódica, 10 mg. Excipientes: lactosa monohidrato y otros, c.s.

3. FORMA FARMACÉUTICA
Comprimidos.

ACENOCUMAROL

1. NOMBRE DEL MEDICAMENTO

SINTROM 1 mg comprimidos

SINTROM 4 mg comprimidos

2. COMPOSICIÓN CUALITATIVA Y CUANTITATIVA

Sintrom 1 mg comprimidos: Cada comprimido contiene 1 mg de acenocumarol.Lactosa monohidrato (20 mg) y otros excipientes.

Sintrom 4 mg comprimidos: Cada comprimido contiene 4 mg de acenocumarol.Lactosa monohidrato (304,4 mg) y otros excipientes.

3. FORMA FARMACEÚTICA

Comprimidos para administración oral

Sintrom 1 mg comprimidos: comprimidos redondos, de color blanco, con las marcas "CG" en una cara y "AA" en la otra

Sintrom 4 mg comprimidos: comprimidos redondos, de color blanco, con las marcas "CG" en una cara y una cruz en la otra con la marca "A" en cada cuadrante.

www.ingramcontent.com/pod-product-compliance
Lightning Source LLC
Chambersburg PA
CBHW051056180526
45172CB00002B/654